Guillermo Ricardo Valdez
María Susana Vecino
María Eugenia Pedrosa

A tríade didática na Trigonometria

Guillermo Ricardo Valdez
María Susana Vecino
María Eugenia Pedrosa

A tríade didática na Trigonometria

Preocupação e profissão de professor

ScienciaScripts

Cover image: www.ingimage.com

This book is a translation from the original published under ISBN 978-620-2-15926-5.

Publisher:
Sciencia Scripts
is a trademark of
Dodo Books Indian Ocean Ltd. and OmniScriptum S.R.L publishing group

120 High Road, East Finchley, London, N2 9ED, United Kingdom
Str. Armeneasca 28/1, office 1, Chisinau MD-2012, Republic of Moldova, Europe
Printed at: see last page
ISBN: 978-620-7-62520-8

Conteúdo

APRESENTAÇÃO

No âmbito do Grupo de Investigação: "Investigação Educativa", como membros do Projeto: *"Práticas docentes pós-pandémicas em professores de Matemática formados e em formação"* e como professores do primeiro ano dos cursos de Matemática da Faculdade, partilharemos os resultados obtidos na investigação realizada na Faculdade de Ciências Exactas e Naturais da Universidade Nacional de Mar del Plata, relativamente aos conhecimentos e dificuldades sobre aspectos básicos da Trigonometria dos alunos que frequentam Álgebra no primeiro ano. Estes alunos pertencem aos cursos de Licenciatura em Química, Bioquímica, Física e Matemática. Também recolhemos dados sobre a abordagem ao tema da Trigonometria feita pelos professores do sexto ano do ensino secundário nas suas aulas durante a pandemia.

Além disso, é apresentada uma sequência didática relacionada com o tema para o sexto ano do ensino secundário.

Por outro lado, é relatada uma experiência numa turma de primeiro ano da Faculdade, com recurso ao GeoGebra, cujo objetivo é reafirmar conceitos relacionados com as propriedades dos módulos e argumentos dos Números Complexos (tema em que se aplicam conceitos de Trigonometria).

CAPÍTULO I

Valdez, Guillermo
Vecino, Susana

Os nossos alunos do primeiro ano de álgebra universitária: trigonometria/diagnóstico

Introdução

A presente pesquisa tem como objetivo investigar como as deficiências no ensino de trigonometria no ensino médio podem causar desvantagens para os alunos na aquisição de conhecimentos e habilidades no início de suas respectivas carreiras universitárias. Neste caso, trata-se de alunos do primeiro ano da Faculdade de Ciências Exatas da UNMDP, ingressantes 2023, que cursaram seus últimos anos do ensino médio em regime de pandemia.

Autores como Cantoral *et al.* (2015) apontam que um dos aspectos fundamentais no ensino da trigonometria está na utilização simultânea de objetos, conceitos, processos e práticas. Por isso, assegura que "a pluralidade de práticas de referência, sua interação com contextos diversos e a evolução da própria vida do indivíduo ou do grupo, vão ressignificar o conhecimento construído até aquele momento, enriquecendo-o com novos significados" (p. 15).

O professor do ensino secundário desempenha um papel fundamental, pois é ele quem facilita as estratégias que podem orientar a aprendizagem da trigonometria, que, sendo um conhecimento prévio às grandezas vectoriais, beneficiará a continuidade da aprendizagem do aluno.

Por outro lado, é pertinente refletir, para uma produção matemática de qualidade, sobre alguns dos pensamentos do Dr. Claud^ Alsina, que partilhamos a seguir:

A inteligência racional apresenta, de facto, dois modos de pensar. Sem entrar nos aspectos anatómicos e fisiológicos dos hemisférios esquerdo e direito do cérebro humano (Glennon, 1980) ou na sua especialização específica ou complementaridade (Gazzaniga, 1985), gostaríamos de recordar aqui que, por um lado, temos um modo de pensar: verbal, gestual, lógico, analítico, linear, sequencial... com capacidades evidentes de identificação de conceitos, expressão, dedução passo a passo, argumentação lógica... Mas, ao mesmo tempo, temos um modo de pensar: visual-espacial, analógico, intuitivo, sintético, de processamento múltiplo e simultâneo, com capacidades de ver,

comunicar, relacionar, identificar estruturas, compreender metáforas, estabelecer analogias, etc.
https://www.studocu.com/es-ar/document/universidad-de-buenos-aires/matematicas/alsina-claudi-claudi-apuntes-1-2/9878735 Obtido em 13-06-2023

Em particular, no contexto dos desenhos curriculares do 3º ano do Ensino Secundário na Província de Buenos Aires, começamos com as Razões Trigonométricas e a resolução de triângulos rectos.

Mais precisamente, o eixo "Geometria e Grandezas" inclui a Trigonometria.

Em seguida, são definidos os seguintes objectivos:

1. Conhecer as razões trigonométricas dos triângulos rectos.
2. Utilizar a calculadora científica para resolver problemas que envolvam lados e ângulos de triângulos rectos.
3. Com a ajuda do professor, aprender o teorema do cosseno e algumas aplicações.

Da mesma forma, nos desenhos curriculares do 6º ano do Ensino Secundário da Província de Buenos Aires, no Eixo: Álgebra e Funções, é exposto o núcleo sintético: Funções Trigonométricas.

Depois, torne-o explícito:

As funções trigonométricas são utilizadas na ciência para descrever fenómenos periódicos, que exigem que os seus domínios sejam números reais. Por esta razão, o seu estudo deve ser enquadrado no estudo de funções de B B.

O tempo dedicado à análise e discussão das escalas escolhidas nos eixos para a elaboração dos gráficos permitirá rever conceitos de números reais; bem como distinguir esta visão funcional da que foi estudada na resolução de triângulos.

Para resolver equações trigonométricas, é necessário ler a partir do círculo unitário, de modo a não recorrer a fórmulas de redução pouco claras para os alunos.

Teste de diagnóstico

Em particular, antes de iniciar a Unidade 2: **"Números Complexos",** da disciplina Álgebra, que é estudada pelos alunos do primeiro ano da nossa Faculdade, foi realizado um teste de diagnóstico para corroborar o nível de conhecimento sobre **"Trigonometria"** nos nossos alunos pertencentes aos cursos de Licenciatura em Química e Bioquímica, e Ensino e Bacharelato em Física e Ensino e Bacharelato em Matemática. Este assunto é fundamental e pré-requisito para poder expressar e operar com números complexos.

O teste é composto por 5 itens:

O item 1 é constituído por cinco questões com afirmações em que é necessário determinar a sua verdade ou falsidade, com a correspondente justificação da resposta escolhida. Este item tem como objetivo avaliar os conhecimentos dos alunos sobre os valores possíveis que as funções seno, cosseno e tangente podem assumir.

Os itens 2 e 3 têm por objetivo avaliar a passagem do sistema circular para o sistema sexagesimal e vice-versa.

O objetivo do ponto 4 é calcular o sen(") em que κ é o ângulo determinado pelo eixo real positivo de "x" e o lado terminal que passa por um dado ponto.

No item 5, pede-se aos alunos que comentem os seus conhecimentos de Trigonometria (pergunta aberta).

Os enunciados do teste eram os seguintes:

Actividades de diagnóstico

As actividades que se seguem visam rever os conceitos trigonométricos necessários para lidar com números complexos na forma polar.

1) Se cr é um ângulo. Classifica como verdadeiras ou falsas (T ou F) as seguintes afirmações e justifica-as:

	Enunclados	Vo F	Justificação
	Enunciados	**V o F**	**Justificación**
a)	**Para algún** $\alpha,\ sen\ \alpha = \frac{3}{2}$		
b)	**Para algún** $\alpha,\ tang\ \alpha = 15$		
c)	**Para algún** $\alpha\ , -\cos\alpha = 2$		
d)	**Para ningún** $\alpha\ , sen\ \alpha = \sqrt{2}$		
e)	**Para ningún** $\alpha\ , sen\ \alpha = \frac{\sqrt{5}}{4}$		

2) Para exprimir o ângulo no sistema circular $\beta = 75° + 360°.k \quad con\ k = 7$

3) $\frac{26}{5}\pi$ Exprimir no sistema sexagesimal y dar o seu congruente na primeira rotação.

4) γ O lado terminal de um ângulo y referido a um sistema de coordenadas cartesianas contém o ponto P(-2,3)- Calcule *sin* (dê o resultado com o denominador racionalizado).

5) Te gostaria de lhe pedir que comentasse este assunto.

A resolução do teste de diagnóstico

Em anexo, encontra-se a resolução do exercício 1 por um dos alunos e a resolução dos Rems 2, 3 e 4 por outro aluno, uma vez que nenhum dos participantes completou o teste de diagnóstico completamente sem erros.

1) Seja a um ângulo. Classifique as seguintes afirmações como verdadeiras ou falsas (T o F) e justifique

1) Sea α un ángulo. Calificar de verdaderas o falsas (V o F) las siguientes afirmaciones y justificar

	Enunciados	V o F	Justificación
a)	Para algún α, $sen\,\alpha=\frac{3}{2}$	F.	La imagen de la función seno es [-1, 1]. y 3/2 > 1.
b)	Para algún α, $tang\,\alpha=15$	V.	La imagen de la función tangente involucra a todos los números reales.
c)	Para algún α, $-\cos\alpha=2$	F.	cos α = -2 es imposible, ya que la imagen de la función coseno es [-1, 1].
d)	Para ningún α, $sen\,\alpha=\sqrt{2}$	V.	$\lvert\sqrt{2}\rvert > 1$, y la imagen de la función seno es [-1, 1].
e)	Para ningún α, $sen=\frac{\sqrt{5}}{4}$	F.	$\lvert\sqrt{5}/4\rvert < 1$ (0,34...) y la imagen de la función seno es [-1, 1].

2) Expresar en el sistema circular el ángulo $\beta=75°+360°.k$ con $k=7$.

$\beta = 75° + 360°.7 = 2595°$

$360 \longrightarrow 2\pi$

$2595 \longrightarrow x = \frac{173}{12}\pi$ ✓

3) Expresar en el sistema sexagesimal el ángulo $\frac{26}{5}\pi$ y dar su congruente en el primer giro.

$360° \longrightarrow 2\pi$

$936° \longrightarrow \frac{26}{5}\pi$

$936° \div 360° = 2$, $936 - 720 = 216$

$936° \equiv 216°$ ✓

4) El lado terminal de un ángulo γ referido a un sistema de coordenadas cartesianas contiene al punto P(-2,3). Calcular $sen\,\gamma$ (dar el resultado con denominador racionalizado).

$z^2 = 2^2 + 3^2$

$z^2 = 13$

$|z| = \sqrt{13} \rightarrow z = \sqrt{13}$

$sen\,\gamma = \frac{3}{\sqrt{13}} \cdot \frac{\sqrt{13}}{\sqrt{13}} = \frac{3\sqrt{13}}{13}$

$sen\,\gamma = \frac{3\sqrt{13}}{3}$ ✓

5) Te pedimos que ahora nos expreses algún comentario respecto a tus conocimientos previos sobre Trigonometría

...mis conocimientos sobre trigonometría son "buenos" pero me cuesta relacionar los datos...

Alguns resultados:

O teste de diagnóstico foi realizado por 38 estudantes dos cursos de Bioquímica e Química. O quadro seguinte apresenta os **resultados obtidos:**

Exercício 1	Resposta Boa	Resposta errada	Não resolvido	Justificação		
				Bem	Mal	Não resolvido
a)		1				
b)					1	
c)	21	0			1	
d)		5			1	23
e)			18		1	

Exercícios			

	Bem	Mal	Sem Resolver	Bem	Reg.	Mal	Sem Resolver	Bem	Reg.	Mal	Sem Resolver
		8			8				1		26

Percentagem

Exercício 1	Resposta Boa	Resposta errada	Sem Resolver	Justificação		
				Bem	Mal	Sem Resolver
a)	63,16%	2,63%	34,21%	47,37%	5,26%	47,37%
b)	52,63%	5,26%	42,11%	34,21%	2,63%	63,16%
c)	55,26%	0%	44,74%	39,48%	2,63%	57,89%
d)	42,10%	13,16%	44,74%	36,84%	2.63%	60,53%
e)	36,84%	15,79%	47,37%	39,48%	2,63%	57,89%

Exercício			
	Bem	Mal	Não resolvido
	34,21%	21,05%	44,74%

Exercício				
	Bem	Reg.	Mal	Não resolvido
	34,21%	21,05%	5,26%	39,48%

Exercício				
	Bem	Reg.	Mal	Não resolvido
	18,42%	2,63%	10,53%	68,42%

O teste de diagnóstico foi realizado por 34 alunos dos seguintes cursos: Profesorado e Licenciatura em F^sica e Profesorado e Licenciatura em Matematica. A tabela seguinte apresenta os **resultados obtidos**:

Exercício 1	**Resposta Boa**	**Resposta errada**	**Não resolvido**	**Justificação**		
				Bem	**Mal**	**Não resolvido**
a)		8		9	8	
b)		8		8		
c)	21	5	8			21
d)			9			21
e)	10			8		23

Exercícios											
	Bem	Mal	Sem Resolver	Bem	Reg.	Mal	Sem Resolver	Bem	Reg.	Mal	Sem Resolver

				10				5		10	

Percentagem

Exercício 1	Resposta Boa	Resposta errada	Não resolvido	Justificação		
				Bem	Mal	Não resolvido
a)	64,71%	23,53%	11,76%	26,47%	23,53%	50,00%
b)	64,71%	23,53%	11,76%	23,53%	11,76%	64,71%
c)	61,76%	14,71%	23,53%	17,65%	20,59%	61,76%
d)	38,24%	35,29%	26,47%	20,59%	17,65%	61,76%
e)	29,41%	38,24%	32,35%	23,53%	8,82%	67,65%

Exercício			
	Bem	Mal	Não resolvido
	11,76%	38,24%	50%

Exercício				
	Bem	Regular	Mal	Não resolvido
	29,41%	8,82%	20,59%	41,18%

Exercício				
	Bem	Regular	Mal	Não resolvido
	14,71%	5,88%	29,41%	50%

Como se pode verificar no mesmo teste diagnóstico, no item 5, pedimos aos alunos que comentassem o tema:

Para analisar estas respostas, considerámos todos os grupos de forma unificada, ou seja, 72 pessoas.

5) Pedimos-lhe agora que comente os seus conhecimentos prévios de Trigonometria:

Respostas ao ponto 5	
Sei o básico de trigonometria	
Eu vi o problema na Escola Secundária	
Vi a questão na entrada da Faculdade	9
Nunca vi o problema	
Não estou a perceber bem os conceitos	
Aprendi o tema no Youtube	
Não tive aulas de matemática no 6º ano.	
Lembro-me pouco	
Sem resposta	

Nuvem de palavras representando as respostas obtidas no item 5

Análise de erros:

No exercício 1, observando as tabelas de resultados, verifica-se que uma grande percentagem dos alunos responde erradamente ou não conhece a variação das razões trigonométricas seno, cosseno e tangente.

Algumas produções, em particular, destacam-se:

α $sen(\alpha)=\frac{3}{2}$ 1.a) Há casos de alunos que admitem que para algum , , o que é falso. Além disso, na justificação que apresentam, a interpretação geométrica é totalmente errada, uma vez que interpretam que num triângulo retângulo uma perna pode medir 3 unidades e a hipotenusa 2, o que revela o seu desconhecimento de fracções equivalentes.

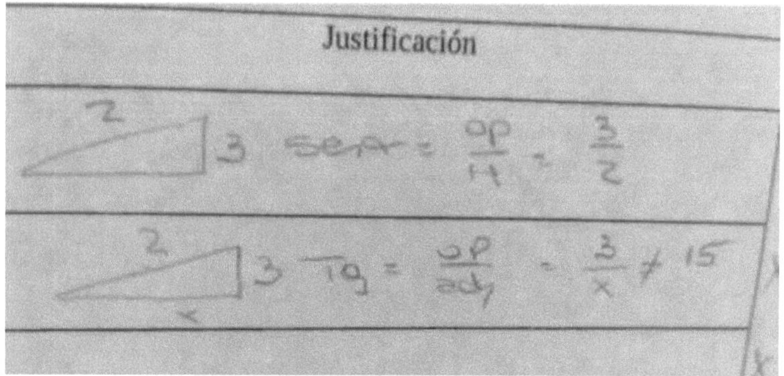

Nos exercícios 2) e 3) Desconhecimento da conversão do sistema sexagesimal para o sistema circular e vice-versa.

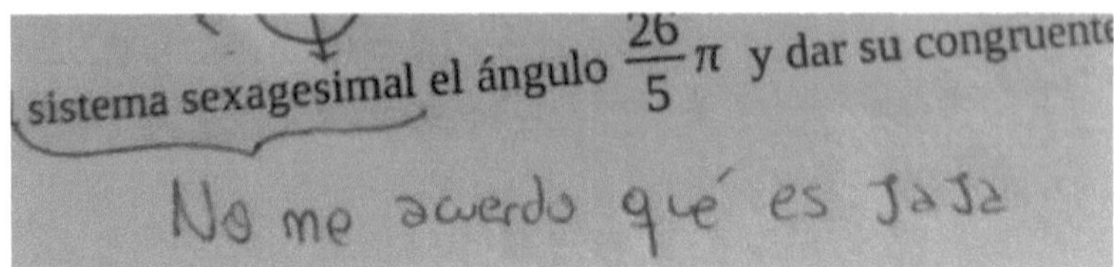

Também no exercício 3), há casos de alunos que, apesar de terem calculado corretamente a amplitude do ângulo, não conseguiram encontrar o ângulo congruente menor que uma volta.

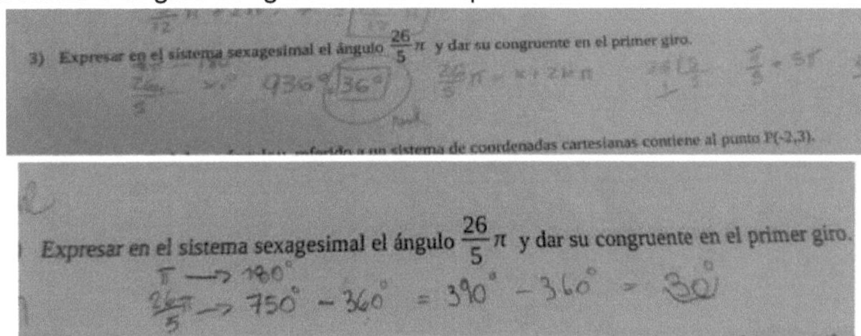

No exercício 4) alguns alunos tiveram dificuldade em representar graficamente o problema, pelo que não conseguiram localizar o ponto P= (-2,3) no plano cartesiano:

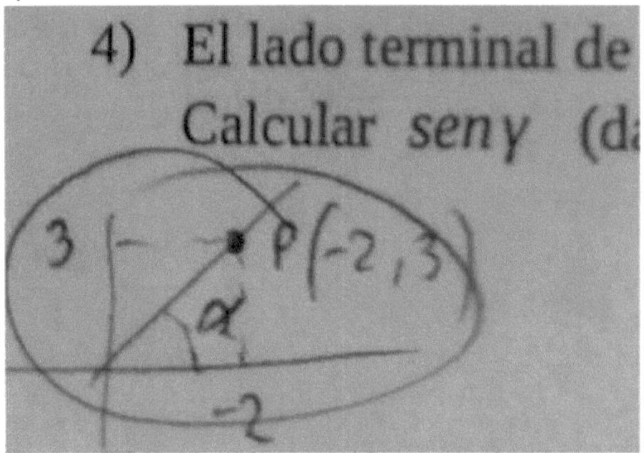

γ γ Outros alunos, embora representem corretamente o gráfico do ponto P=(-2,3), interpretam mal sin( ) e confundem-no com tg( ).

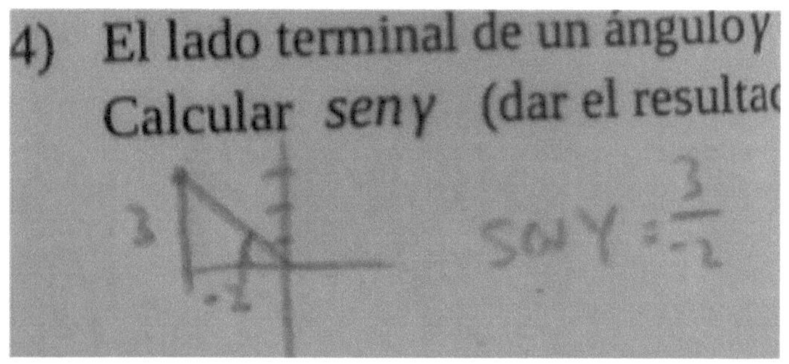

Relativamente ao exercício 5), alguns alunos afirmam que nunca viram nada sobre Trigonometria e outros consideram que têm bons conhecimentos de Trigonometria, mas indicam que têm dificuldade em relacionar os dados dos problemas apresentados com a matéria.

4) El lado terminal de un ánguloγ referido a un sistema de coordenadas cartesianas contiene al punto P(-2,3).
Calcular sen γ (dar el resultado con denominador racionalizado).

Te pedimos que ahora nos expreses algún comentario respecto a tus conocimientos previos sobre Trigonometría
mis conocimientos sobre trigonometría son "buenos" pero me cuesta relacionar los datos

dimos que ahora nos expreses algún comentario respecto a tus conocimientos previos sobre
ometría NUNCA VI NADA DE TRIGONOMETRÍA HASTA AHORA

Os resultados mostram que há pouco ou nenhum conhecimento de "Trigonometria", o que causa sérias dificuldades para o desenvolvimento de conteúdos correspondentes a assuntos como álgebra linear, cálculo de uma variável, cálculo de várias variáveis, física, etc. Todos os professores de Matemática do Ensino Secundário reconhecem que o tratamento deste tema requer:

Compreender os conceitos, praticá-los, aplicá-los, transferi-los para outras áreas do conhecimento e até para a vida quotidiana. Para tal, é necessário dispor de tempo suficiente, o que claramente não existiu durante a pandemia.

Por este motivo, foi necessário incorporar na sala de aula da plataforma Moodle que utilizamos na disciplina como repositório do material, vídeos sobre conceitos básicos de trigonometria, bem como material complementar e acrescentar uma "aula invertida" sobre o tema para facilitar a compreensão das diferentes representações de um número complexo, assunto que tem como pré-requisito conceitos de Trigonometria.

Nesse sentido, foi acrescentada ao material uma tabela com os valores das funções trigonométricas dos ângulos notáveis em todos os quadrantes do círculo trigonométrico (ver anexo), material e vídeos que trabalharam na IAM (Introdução à Matemática) sobre o uso da calculadora/telefone para obter o seno e o cosseno de ângulos e um applet GeoGebra programado por um professor do Departamento de Matemática para reafirmar conceitos teóricos relativos às propriedades de módulo e argumento de números complexos.

Por fim, e como dados adicionais, incluímos as tabelas referentes aos totais e percentagens de alunos aprovados, reprovados, desistentes, que tiveram a oportunidade de realizar exames intercalares e os que não realizaram nenhum dos exames intercalares (livres) para os diferentes grupos de alunos durante o primeiro quadrimestre de 2023.

Carreira	N.º de registados	Aprovado	Sem sucesso	Abandonos	Grátis
Bioquímica					
Química	30		5		5
Matemática				10	
F^sica	42		10		

Carreira	Número de participantes registados	Aprovado% Aprovado	Não aprovado% Não aprovado% Não aprovado% Não aprovado% Não aprovado% Não aprovado% Não aprovado% Não aprovado% Não aprovado	Abandonos% Abandonos% Abandonos% Abandonos	Livre% Livre
Bioquímica		36,36	29,75	18,18	15,70
Química	30	20,00	16,67	46,67	16,67
Matemática		25,93	14,81	37,04	22,22
F^sica	42	35,71	23,81	26,19	14,29

ANEXO: TABELA DAS FUNÇÕES TRIGONOMÉTRICAS DOS ÂNGULOS NOTÁVEIS

	$0°$	$30°$	$45°$	$60°$	$90°$	$120°$	$135°$	$150°$	$180°$
θ	0	$\frac{\pi}{6}$	$\frac{\pi}{4}$	$\frac{\pi}{3}$	$\frac{\pi}{2}$	$\frac{2\pi}{3}$	$\frac{3\pi}{4}$	$\frac{5\pi}{6}$	π
sen θ	0	$\frac{1}{2}$	$\frac{\sqrt{2}}{2}$	$\frac{\sqrt{3}}{2}$	1	$\frac{\sqrt{3}}{2}$	$\frac{\sqrt{2}}{2}$	$\frac{1}{2}$	0
cos θ	1	$\frac{\sqrt{3}}{2}$	$\frac{\sqrt{2}}{2}$	$\frac{1}{2}$	0	$-\frac{1}{2}$	$-\frac{\sqrt{2}}{2}$	$-\frac{\sqrt{3}}{2}$	-1
tan θ	0	$\frac{\sqrt{3}}{3}$	1	$\sqrt{3}$	ind	$-\sqrt{3}$	-1	$-\frac{\sqrt{3}}{3}$	0
csc θ	ind	2	$\sqrt{2}$	$\frac{2\sqrt{3}}{3}$	1	$\frac{2\sqrt{3}}{3}$	$\sqrt{2}$	2	ind
sec θ	1	$\frac{2\sqrt{3}}{3}$	$\sqrt{2}$	2	ind	-2	$-\sqrt{2}$	$-\frac{2\sqrt{3}}{3}$	-1
cot θ	ind	$\sqrt{3}$	1	$\frac{\sqrt{3}}{3}$	0	$-\frac{\sqrt{3}}{3}$	-1	$-\sqrt{3}$	ind

	$210°$	$225°$	$240°$	$270°$	$300°$	$315°$	$330°$
θ	$\frac{7\pi}{6}$	$\frac{5\pi}{4}$	$\frac{4\pi}{3}$	$\frac{3\pi}{2}$	$\frac{5\pi}{3}$	$\frac{7\pi}{4}$	$\frac{11\pi}{6}$
sen θ	$-\frac{1}{2}$	$-\frac{\sqrt{2}}{2}$	$-\frac{\sqrt{3}}{2}$	-1	$-\frac{\sqrt{3}}{2}$	$-\frac{\sqrt{2}}{2}$	$-\frac{1}{2}$
cos θ	$-\frac{\sqrt{3}}{2}$	$-\frac{\sqrt{2}}{2}$	$-\frac{1}{2}$	0	$\frac{1}{2}$	$\frac{\sqrt{2}}{2}$	$\frac{\sqrt{3}}{2}$
tan θ	$\frac{\sqrt{3}}{3}$	1	$\sqrt{3}$	ind	$-\sqrt{3}$	-1	$-\frac{\sqrt{3}}{3}$
csc θ	-2	$-\sqrt{2}$	$-\frac{2\sqrt{3}}{3}$	-1	$-\frac{2\sqrt{3}}{3}$	$-\sqrt{2}$	-2
sec θ	$-\frac{2\sqrt{3}}{3}$	$-\sqrt{2}$	-2	ind	2	$\sqrt{2}$	$\frac{2\sqrt{3}}{3}$
cot θ	$\sqrt{3}$	1	$\frac{\sqrt{3}}{3}$	0	$-\frac{\sqrt{3}}{3}$	-1	$-\sqrt{3}$

CAPÍTULO II

Pedrosa, Maria Eugénia
Palauro, Luda
Vecino, Susana

O ensino da trigonometria no ensino secundário e a sua influência no primeiro ano da universidade: perspectivas dos professores e efeitos da pandemia.

De acordo com Miguel de Guzman et. al (1988): ...é necessário tratar com mais pormenor os temas que, na opinião geral dos professores, merecem claramente uma ênfase especial. Entre eles podemos destacar: estatística, probabilidade, geometria e trigonometria. No nosso caso, com ênfase na trigonometria, recordamos que esta parte da matemática nasceu por volta do século II a.C., com a tentativa de Hiparco de fazer das observações astronómicas uma arte mais exacta. A navegação, a topografia, a cartografia... foram outras fontes de motivação para o desenvolvimento da trigonometria plana e esférica. Para o mundo moderno, a observação seguinte foi ainda mais importante e desencadeou um novo e frutuoso desenvolvimento: as funções seno e cosseno são periódicas, isto é, verificam-se para todo o x:

$$sen(x + 2\pi) = sen\, x$$

$$\cos(x + 2\pi) = \cos x$$

Acontece que a forma de cada uma destas funções está constantemente a repetir-se. Além disso, o nosso mundo está cheio de ritmos e fenómenos periódicos, como o dia e a noite, as ondas do mar, o bater do coração, o movimento da corda de uma guitarra. Curiosamente, foi a partir do estudo destes últimos que se iniciou uma verdadeira avalanche matemática".

O objetivo deste capítulo é analisar os conhecimentos adquiridos pelos alunos relativamente aos conteúdos de Trigonometria trabalhados durante o ano de 2022 no Ensino Secundário, ciclo superior, na cidade de Mar del Plata, Argentina.

Para analisar que conteúdos viram ou deixaram de ver, foi realizado um inquérito aos professores do último ano do ensino secundário em diferentes escolas públicas e privadas da cidade de Mar del Plata.

Os resultados deste estudo mostram que a riqueza da trigonometria no ensino secundário não está a ser explorada, provocando uma lacuna no conhecimento horizontal da matemática e impedindo uma progressão normal nos cursos de matemática correspondentes aos primeiros anos de estudos universitários.

As respostas dos professores levam-nos a concluir que é necessário aplicar: abordagens pedagógicas adaptadas ao contexto atual e utilizar recursos que favoreçam uma compreensão mais profunda.

Metodologia

Foi realizado um inquérito junto dos professores do sexto ano do ensino secundário para saber que conceitos de trigonometria são trabalhados nas suas aulas.

Foi utilizado um formulário Google que foi divulgado pelo Secretário de Articulação Educativa da Faculdade de Ciências Exactas e Naturais da UNMDP aos professores do ensino secundário da cidade de Mar del Plata (ver ANEXO).

[to]A amostra selecionada foi constituída por 55 professores de escolas públicas e públicas da cidade de Mar del Plata, Buenos Aires, Argentina, que têm a seu cargo a disciplina de Matemática no 6º ano do Ensino Secundário, no ciclo Secundário Superior. Dos professores inquiridos, 35 são de escolas públicas e 20 de escolas públicas.

Resultados do inquérito

Análise de dados

A partir dos dados recolhidos nos inquéritos, observámos que as orientações dos cursos onde os professores trabalham são muito variadas.

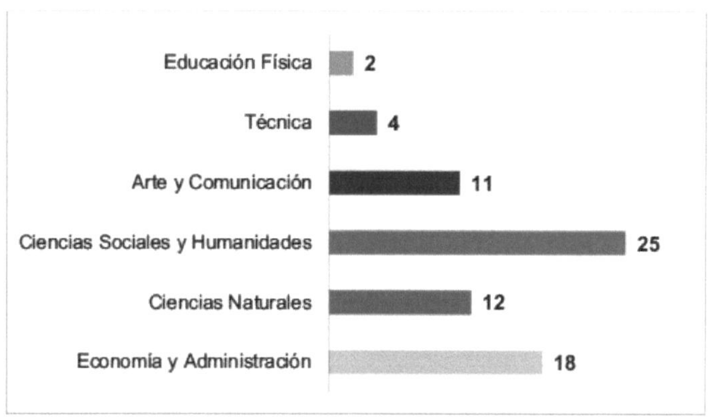

Educação Física
Técnica
Arte e comunicação
Ciências Sociais e Humanas
Ciências Naturais
Economia e Administração

Figura 1: Qual é a orientação do curso onde trabalha?

Em primeiro lugar, perguntou-se aos professores se ensinavam Trigonometria no sexto ano do ensino secundário em 2022 (ver Figura 2).

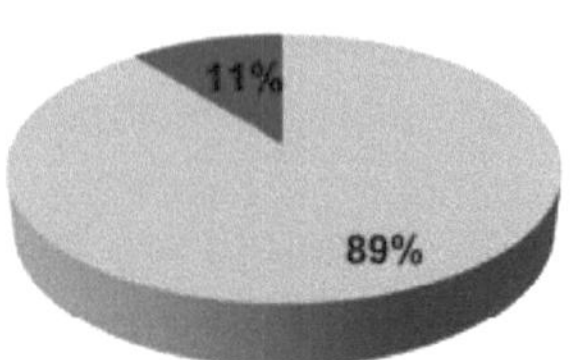

Figura 2: Em 2022, ensinou trigonometria no sexto ano?

Quando questionados sobre as razões para não trabalharem estes temas, surgiram respostas como: "falta de tempo para retomar temas não trabalhados no ano anterior" ou porque "os alunos já tinham trabalhado parcialmente este tema noutros anos".

Relativamente à questão de saber se os seus alunos tinham conhecimentos prévios de Trigonometria.

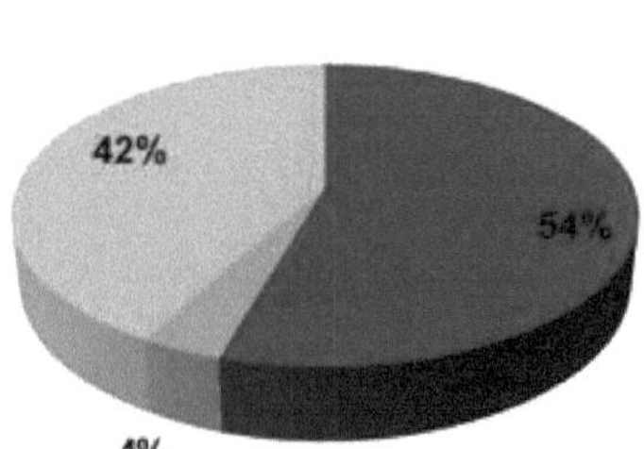

Figura 3: Os seus alunos tinham conhecimentos prévios de Trigonometria de anos anteriores?

Aos 54% de professores que responderam que os seus alunos tinham conhecimentos prévios de Trigonometria, foi perguntado especificamente quais eram esses conhecimentos (ver Figura 4).

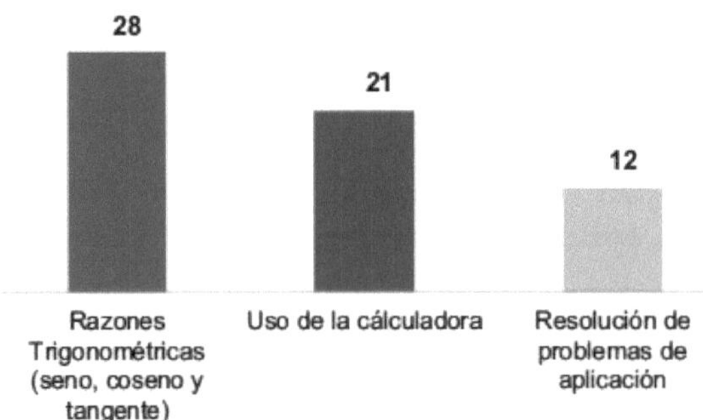

Razões trigonométricas (seno, cosseno e tangente)
Utilização da calculadora
Resolução de problemas de aplicação

Figura 4: Se a sua resposta acima foi SIM, quais são esses conteúdos?

A maioria dos professores respondeu que os seus alunos já tinham trabalhado anteriormente com razões trigonométricas e que tinham conhecimentos sobre a utilização da calculadora. Em menor grau, os seus alunos utilizaram estes conteúdos para resolver problemas de aplicação.

Em seguida, inquirimos especificamente sobre o ensino da Trigonometria no sexto ano, pedindo aos professores inquiridos que seleccionassem esses conteúdos (ver Figura 5). Os tópicos "Sistemas de medida de ângulos: sexagesimal e circular" e "Gráficos de funções trigonométricas: análise geral" foram os mais frequentemente leccionados. Dois professores indicaram que trabalharam com o teorema do seno e do cosseno, no entanto, este conteúdo não corresponde ao ano em estudo.

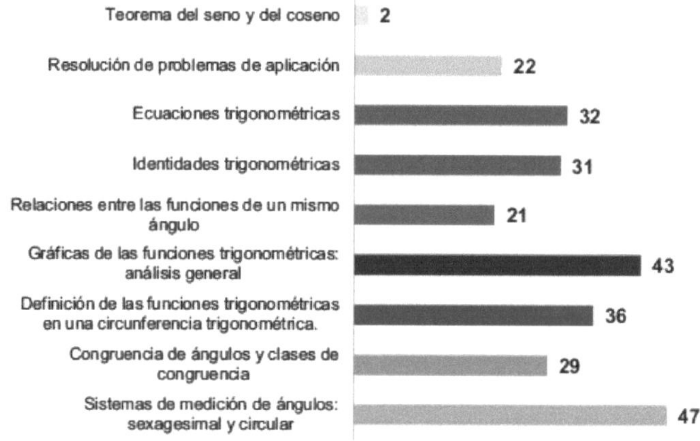

Teorema do seno e do cosseno
Resolução de problemas de aplicação
Equações trigonométricas
Identidades trigonométricas
Relações entre funções do mesmo ângulo
Gráficos de funções trigonométricas: análise geral
Definição das funções trigonométricas num círculo trigonométrico.
Congruência de ângulos e classes de congruência
Sistemas de medição de ângulos: sexagesimal e circular

Figura 5: Seleccione o conteúdo de Trigonometria que tem de ensinar.

Por último, interessava-nos analisar as estratégias e os recursos utilizados pelos professores no ensino destes conteúdos.

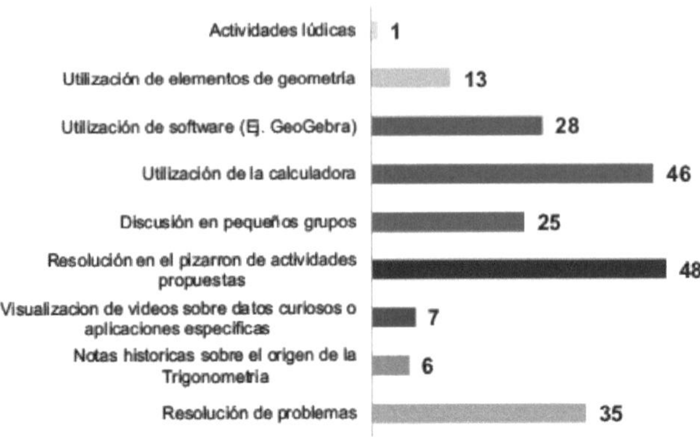

Actividades lúdicas
Utilização de elementos geométricos
Utilização de software (por exemplo, GeoGebra)
Utilizar a calculadora
Debate em pequenos grupos
Resolução das actividades propostas no quadro
Visualização de vídeos sobre factos divertidos ou aplicações específicas
Notas históricas sobre a origem da Trigonometria
Resolução de problemas

Figura 6: Seleccione as estratégias e os recursos que utilizou no ditado de conteúdos.

Algumas reflexões

Os resultados obtidos reflectem que o tempo atribuído e a profundidade do tratamento da matéria estão longe de ser adequados e levantam questões sobre a preparação dos estudantes para os desafios académicos que irão enfrentar nos primeiros anos da universidade.

Para avançar de forma positiva é necessário:

- a aplicação de recursos tecnológicos.
- professores que propõem esse tipo de conhecimento com maior dinamismo e que enfatizam a formulação e a resolução de situações-problema aplicadas em diferentes áreas do conhecimento.
- alunos motivados e empenhados no processo.

Para que os alunos compreendam plenamente um objeto matemático, é necessário que passem por diversas experiências e práticas. Desta forma, serão os alunos que poderão organizar e reorganizar uma rede de relações necessárias para promover a sua autonomia no estudo. É um desafio complexo, mas é importante que o aluno tenha o controlo das suas acções e possa assim avaliar o seu próprio processo de aprendizagem.

Ter capacidade matemática implica executar acções, realizar, agir de forma adequada e atingir um bom resultado.

ANEXO

Trigonometria

O inquérito que se segue é realizado por um grupo de investigação em Educação Matemática da Faculdade de Ciências Exactas e Naturais da Universidade Nacional de Mar del Plata. Destina-se a professores de Matemática que trabalham no sexto ano do ensino secundário.

As respostas são anónimas.

1. **A escola onde trabalha é gerida**

Mara sOo Ln oval.

...privado.

...publica.

2. **JC Qual é a orientação do curso onde trabalha?**

Seleccione todas as opções que se aplicam a si.

I I Economia e Administração

I I Ciências Naturais

Ciências Humanas

I I Arte e Comunicação

Técnica

Outros:

3. **cEm 2022, ensinou trigonometria no sexto ano?**

Marcar apenas a Ln oval.

SIM

Não

4. **Se a sua resposta for NÃO, descreva sucintamente as causas.**
5. **Os seus alunos tinham conhecimentos de Trigonometria aprendidos em anos anteriores?**

Marcar apenas a Ln oval.

SIM

<; NÃO

CD NO SE

6. **Se a sua resposta acima foi SIM, quais são esses conteúdos?**

Selecionar todas as opções aplicáveis.

I I Razões trigonométricas (seno, cosseno e tangente)

Utilizar a calculadora

Resolução de problemas de aplicação

Outros:

Se leccionou Trigonometria no 6º ano em 2022, responda às seguintes perguntas.

7. **Seleccione os conteúdos de Trigonometria que leccionou**

Selecionar todas as opções aplicáveis.

I I Sistemas de medição de ângulos: sexagesimal e circular Congruência de ângulos e classes de congruência

Definição das funções trigonométricas num círculo trigonométrico.

I I Gráficos de funções trigonométricas: domínio, imagem: análise geral Relações entre funções do mesmo ângulo

I I Identidades trigonométricas

I I Equações trigonométricas

Resolução de problemas de aplicação

Outros:

8. **Seleccione as estratégias e os recursos que utilizou para ditar o conteúdo.**

Seleccione todas as opções aplicáveis.

Resolução de problemas

Notas históricas sobre a origem da trigonometria

I I visionamento de vídeos sobre factos divertidos ou aplicações específicas Resolução no quadro das actividades propostas

I I Discussão em pequenos grupos

Utilização da calculadora
Utilização de software (GeoGebra, Desmos, Photomath, etc.) Utilização de elementos de geometria (compasso, régua, transferidor).
|_Outros:

¡Muito obrigado pela vossa colaboração!

CAPÍTULO III

Valdez, Guillermo

Gamboni, Sandra

Uma sequência didática relacionada com o tema Trigonometria, para o sexto ano do Ensino Secundário.

Neste capítulo tenho o prazer de partilhar o desenho de uma proposta de ensino sobre a unidade temática: Trigonometria. Corresponde ao sexto ano da Escuela Polimodal Nº 29, Centro Polivalente de Arte E.S.E.A. Nº 1 da cidade de Mar del Plata, província de Buenos Aires, Argentina, na modalidade presencial. Trata-se de uma proposta nas Práticas de Ensino de um dos meus alunos do programa de ensino de Matemática da Universidade Nacional de Mar del Plata (atualmente, Professora: Sandra Gamboni), sobre o tema acima mencionado, que foi original e muito satisfatória no seu ambiente de aplicação.

Posso destacar a originalidade da proposta de ensino, pois utilizei novas estratégias para os alunos que contribuíram para uma motivação efectiva, que se reflectiu nas suas produções em aula.

Contém os seguintes elementos curriculares: conteúdos, objectivos, metodologia e avaliação para a disciplina de Trigonometria do sexto ano do ensino secundário.

Devemos ter em conta o contexto a que se destina a proposta, uma vez que um projeto não pode ser adaptado sem ter em conta as expectativas, os recursos e o ambiente social em que os alunos estão imersos.

Se este contexto não for tido em conta, é provável que as expectativas previstas pelo professor não sejam atingidas, ou que as que forem atingidas fiquem aquém das necessidades de cada contexto.

Esp. Guillermo Valdez

Características da escola

A prática pedagógica teve lugar na Escuela Polimodal N°29, Centro Polivalente de Arte, E.S.E.A. N°1, situada num edifício muito antigo na Diagonal Alberdi, esquina de Santa Fé. É uma escola pública, mas é frequentada por crianças de diferentes classes sociais. Foi criada em 2 de maio de 1974, juntamente com outros quatro estabelecimentos com as mesmas características na Província de Buenos Aires. Nessa altura, os formandos tinham obtido o diploma de ensino secundário comum, bem como o diploma de Professor de Folclore Nacional. Posteriormente, foram acrescentadas outras ofertas educativas, como Música,

Instrumentos, Dança Clássica e Contemporânea e, por último, Artes Visuais. Os graduados desta escola têm a possibilidade de entrar, sem necessidade de completar o Ciclo Básico de Formação (Foba), numa série de institutos terciários em Mar del Plata, Buenos Aires e na respectiva carreira da Universidade de La Plata. Atualmente, a sua inscrição situa-se entre 650 e 700 crianças, aproximadamente. Na realidade, a procura total não pode ser satisfeita devido à falta de espaço na escola. A escola é frequentada por crianças de outras localidades, como Miramar, Santa Clara, Mar Chiquita, etc., uma vez que a escola mais próxima do mesmo género se encontra em Tandil.

Dispõe de uma biblioteca e de uma sala de vídeo, de uma fotocopiadora e de um buffet. Além disso, existem muitos instrumentos musicais e salas para a prática de danças. A cooperativa desempenha um papel importante na manutenção de tudo, incluindo as casas de banho e as fugas que ocorrem frequentemente.

A turma onde decorre esta prática é o 6º ano, com um total de 29 alunos, 24 raparigas e 5 rapazes, que frequentam workshops de dança clássica, folclórica e contemporânea. A sala de aula situa-se no rés do chão, junto ao bufete, e está virada para a rua de Santa Fé. Há muito descaso em termos de manutenção através da pintura das paredes rachadas e do piso de madeira, com tábuas soltas e um buraco enorme num canto, onde as crianças têm que ter cuidado para não pisar ou colocar a perna de uma cadeira.

Os alunos ausentam-se regularmente, ao ponto de nunca estarem presentes os 29 alunos. Por vezes, é porque estão de férias, outras vezes é porque estão a ensaiar para um evento escolar ou uma festa e, claro, outras vezes é por doença ou problemas pessoais. Têm também o hábito de chegar atrasados até meia hora.

Observa-se como rotina nesta escola, que a entrada é às 7h30 e entre as 7h40 e as 7h50 os alunos, dentro das respectivas salas de aula, levantam-se para cantar o hino à bandeira. Depois disso, a aula começa.

Antecedentes

"A matemática não é feita para ser observada, nem para ver o que os outros fizeram (e acabar por ficar frustrado com isso). Não. A matemática tem de ser feita, transformada, melhorada, mudada. E isso só se consegue estimulando a criatividade".

Adrian Paenza

A trigonometria é um ramo da matemática que estuda a relação entre os

comprimentos dos lados de um triângulo e a medida dos seus ângulos. Desde a Antiguidade que é uma ferramenta útil para medir comprimentos muito grandes, como o raio da Terra, a distância aos planetas, a altura de uma árvore ou de uma montanha, etc.
Neste sentido, uma das principais realizações é a que permitiu aos cartógrafos fazer os mapas dos diferentes países.
Mas, para além de ser utilizada na cartografia, na astronomia e na arquitetura, principalmente para medições, a trigonometria tem também uma aplicação importante noutras disciplinas, como a economia, a meteorologia, a oceanografia e a biologia, porque as funções trigonométricas permitem modelar situações que têm um comportamento periódico, como o batimento cardíaco.
E, claro, os músicos também utilizam estas funções que lhes dão a possibilidade de visualizar o som.
Este tema constitui uma oportunidade para abordar e integrar conteúdos anteriores adquiridos pelos alunos em anos anteriores.
Para a sua introdução, considera-se conveniente partir da sua aplicação para efetuar medições, através de uma experiência retirada da vida real, que será realizada na sala de aula pelos próprios alunos com a orientação do professor estagiário. De acordo com um parágrafo do Diseno Curricular de la Provincia de Buenos Aires para 6° Ano, 2011:
"Embora a matemática escolar *seja diferente do trabalho científico, o estilo e as características do trabalho da comunidade matemática podem e devem ser experimentados na sala de aula. Desta forma, os alunos verão a matemática como uma tarefa possível para todos, tal como definido no Ciclo Básico do Ensino Secundário*".

Objectivos:

Os objectivos ou expectativas visados são:

Objectivos de ensino:

Apresentar problemas da vida real em que a rigonometria pode ser aplicada.

Propor o estudo da relação entre a trigonometria e outras disciplinas, de modo a apreciar a sua aplicação em situações não matemáticas.

Incentivar o trabalho pessoal e de grupo, valorizando os contributos individuais e colectivos para a construção de novos conteúdos matemáticos.

Promover o respeito pela diversidade de opiniões.

Integrar aspectos históricos da matemática no ensino da trigonometria.

Incentivar os alunos a avaliar as suas produções matemáticas; fazer investigações; defender; construir hipóteses.

Utilizar a linguagem algébrica para simbolizar, generalizar e incorporar a abordagem trigonométrica como outra ferramenta na resolução de problemas.

Incorporar a utilização das Novas Tecnologias da Informação e da Conectividade (ntics) no ensino da trigonometria.

Objectivos de aprendizagem:

Reconhecer a utilidade da aplicação da trigonometria na vida real.

Identificar o sinal dos ângulos orientados e a que quadrante pertencem.

Definir as funções trigonométricas e a circunferência trigonométrica.

Reconhecer o sinal das funções trigonométricas nos diferentes quadrantes.

Deduzir que as funções dependem apenas da amplitude do ângulo.

Construir os gráficos das funções trigonométricas seno, cosseno e tangente, a partir da respectiva representação no círculo unitário.

Deduzir relações entre as funções trigonométricas de um mesmo ângulo.

Calcular o valor das funções trigonométricas de ângulos notáveis na forma geométrica.

Efetuar a análise completa das funções trigonométricas: seno, cosseno e tangente.

Modelar problemas do quotidiano utilizando funções trigonométricas.

Classes

ªClasse N 1: Apresentação e diagnóstico

O professor é apresentado através de um jogo em que cada aluno tem de dizer o seu nome em voz alta para um doce. São apresentadas as orientações de avaliação, salientando que a nota é composta não só pela avaliação escrita, mas também pelo conceito que inclui: a participação, o portefólio completo e o trabalho de equipa.

Posteriormente, são propostas actividades em que devem aplicar conteúdos anteriores que serão úteis no novo tema: ângulos complementares e suplementares; triângulos: classificação segundo os lados e segundo os ângulos, semelhança; razões e proporções e o teorema de Pitágoras.

Embora os alunos estivessem muito entusiasmados com o trabalho na aula, não se lembravam da maior parte dos conteúdos envolvidos nas actividades de diagnóstico, pelo que tudo teve de lhes ser explicado.

Aula N° 2: Introdução à trigonometria

Objectivos:

J Despertar a curiosidade e o interesse dos alunos pelo estudo da trigonometria com base na sua utilidade e aplicação na vida real.

J Construir um instrumento de medição de ângulos a partir de objectos que se encontram em qualquer casa.

J Utilizar a trigonometria para medir um determinado objeto.

Desenvolvimento: Em aulas anteriores começámos a estudar o tema: trigonometria. Nesta oportunidade, voltaremos a esta unidade, mas abordando-a através de uma das suas aplicações, como a medição da altura de um objeto. O professor começará por perguntar o significado da palavra trigonometria e depois explicará brevemente aos alunos um facto histórico de uma aplicação da trigonometria realizada por Eratóstenes para medir a circunferência da Terra.

tO que significa a palavra trigonometria?

A trigonometria é uma parte da matemática que, genericamente, estuda a relação entre a medida dos ângulos e dos lados de um triângulo. Na verdade, a própria palavra trigonometria tem origem neste facto: tri - significa "três", gono - significa "ângulo" e metria - significa "medida".

A trigonometria já existia há mais de 3000 anos, quando os babilónios e os egípcios utilizavam os ângulos dos triângulos para construir pirâmides e outras estruturas arquitectónicas complexas, mesmo para a tecnologia moderna.

As estrelas do céu inspiraram-nos a aprofundar a trigonometria para descobrir os seus "segredos", criando mapas estelares para calcular rotas, prever fenómenos meteorológicos e espaciais, relógios, calendários, etc.

Nos últimos 100 anos (aproximadamente), uma das mais importantes aplicações da trigonometria à matemática é o estudo dos fenómenos ondulatórios e oscilatórios, bem como do comportamento periódico, intimamente relacionado com as propriedades analíticas das funções trigonométricas.

Medir a Terra

Uma das principais utilizações da trigonometria é a medição de distâncias (ou alturas) muito grandes. Talvez nesta era da tecnologia não fiquemos muito impressionados com o que vamos ver agora, mas se tentarmos situar-nos duzentos anos antes de Cristo, quando não havia computadores, nem satélites, nem telemóveis, nem GPS, nem sequer a mais simples calculadora, então talvez possamos chegar às seguintes conclusões

compreender a importância do que fez este matemático, geógrafo e astrónomo Eratóstenes de Cirene.
Eratóstenes sabia que, em Siena, ao meio-dia do solstício de verão, se uma estaca fosse colocada na vertical, não fazia qualquer sombra. Isto significa que os raios de sol eram perpendiculares à cidade. O nosso matemático acreditava, além disso, que Siena e Alexandria se encontravam mais ou menos à mesma longitude terrestre (ou seja, no mesmo meridiano) e que o Sol, estando tão afastado, emitia os seus raios de forma paralela entre as duas cidades.

No entanto, ficou surpreendido quando mediu a sombra de uma estaca (um pau) em Alexandria, na mesma altura do ano, pois a sombra projectada tinha um ângulo de cerca de 7,2°. O que estava a acontecer? O que já se sabia, que a Terra não era plana e que, quando diferentes pontos da superfície eram submetidos às mesmas condições de luz, as sombras eram diferentes.
Depois de observar este fenómeno e de medir o ângulo de 7,2° formado pela sombra em Alexandria, procurei na biblioteca a distância entre as duas cidades, que foi estimada em 924 km. Vemos que todos estes dados podem ser resumidos de uma forma muito simples: se a sombra projectada em Alexandria tinha um ângulo de 7,2°, enquanto em Siena não havia sombra nenhuma, isso significava que as duas cidades formavam uma secção circular de 7,2°, em que o arco de circunferência entre as duas cidades era de 924 km (ver segunda parte da figura seguinte).

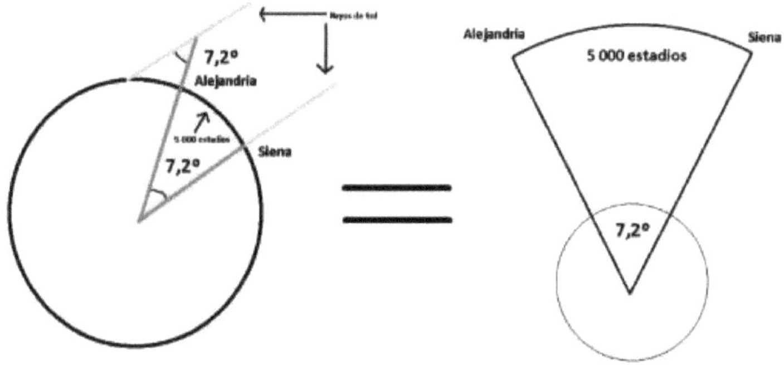

Se continuarmos com o raciocínio de Eratóstenes, podemos chegar à seguinte regra de três: se para um ângulo de 7,2° o arco tem 924 km, qual será o comprimento da circunferência completa de 360°?

7, 2° 924 km.

360° X

Se multiplicarmos 360 por 924, e dividirmos tudo isso por 7,2 (para^ fazermos uma regra de três simples), veremos que a circunferência da Terra, segundo Eratóstenes, deveria medir 46 200 quilómetros. Agora, ^qual é a medida real? 40 075 quilómetros. Ou seja, há cerca de 2 300 anos, um homem com uma vara conseguiu medir a Terra com um erro de apenas 15%.

Na era do Google Earth, pode parecer um erro demasiado grande, mas não é mau para a primeira medição da Terra feita há mais de dois milénios.

Na era das telecomunicações, pode não parecer um grande feito, mas não é de admirar que, na antiguidade, quando a maioria das pessoas ainda pensava que a Terra era plana, um ser humano tenha usado pouco mais do que a sua inteligência para medir a circunferência da Terra. A medição de Eratóstenes abriu a porta ao impossível, pois se alguém tinha conseguido medir a maior coisa conhecida pela humanidade com um pau, o que é que os cientistas do futuro não poderiam tentar?

Em seguida, será pedido aos alunos que construam um teodolito e que meçam a altura de um ponto no quadro negro utilizando a trigonometria. Para o efeito, será distribuída uma cópia das instruções e dos materiais necessários para a construção do teodolito a grupos de 4 ou 5 alunos.

Atividade 1: Construção de um teodolito ou clinómetro

Materiais:

- Transportador grande

- Sorvete
- Cola
- Fio resistente (30 cm)
- Fio de prumo ou objeto suspenso.

Instruções:

- É feito um pequeno orifício no centro do transportador para a passagem do fio.
- O fio de prumo ou objeto é ligado a uma extremidade do fio e a outra extremidade é ligada ao transferidor.
- Cole o sorvete no transferidor de modo a que fique ao longo dos 0° e 180°.

O resultado deve ser semelhante ao da figura:

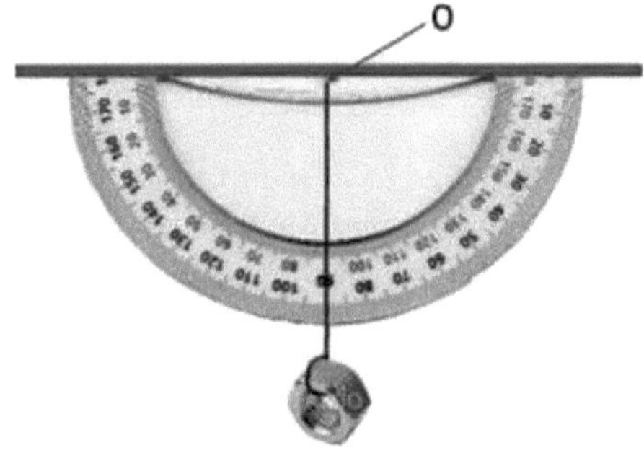

Atividade 2: medir uma altura

Mede, com o teodolito, a altura a que se encontra um ponto marcado no quadro. A medição será efectuada 3 vezes e depois será calculada a média. O trabalho será realizado pelos alunos em equipas de 4 elementos.

O ponto no quadro é depois medido com uma fita métrica para comparação com os resultados obtidos pelos alunos. A equipa que mais se aproximar da medida real ganha o concurso.

Para medir o ângulo é necessário ter em conta, ^qual é o ângulo a medir?

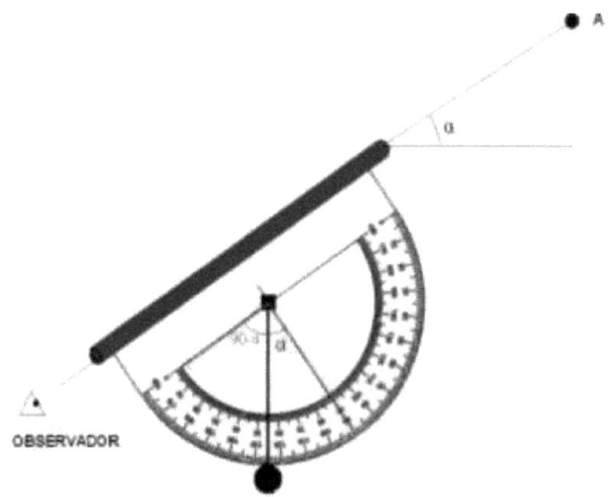

Como se pode ver na figura, o ângulo medido com o teodolito é efetivamente 90° - a.

Para efetuar a medição, o observador deve colocar-se a uma distância conhecida da parede do quadro negro. A partir daí, medirá o ângulo com o teodolito. Os dados recolhidos serão registados na tabela seguinte.

Medição	Ângulo	Distância	Altura do observador	Altura pretendida	Altura total
1					
Média					

O esboço do problema que enfrentamos seria o mostrado na figura abaixo:

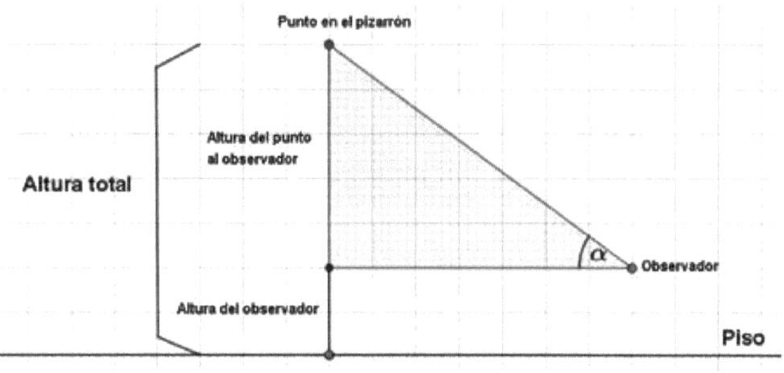

Nota:

Os alunos estiveram muito atentos à introdução histórica e mostraram-se muito interessados e algo surpreendidos.

A construção do teodolito foi uma grande motivação para os alunos.

Este tipo de atividade com material concreto foi muito agradável para eles. Depois, puderam utilizá-lo para medir o ângulo necessário para calcular a altura de um ponto no quadro.
No final da aula, o comentário geral dos alunos foi: "Nunca tivemos uma aula de matemática tão divertida".

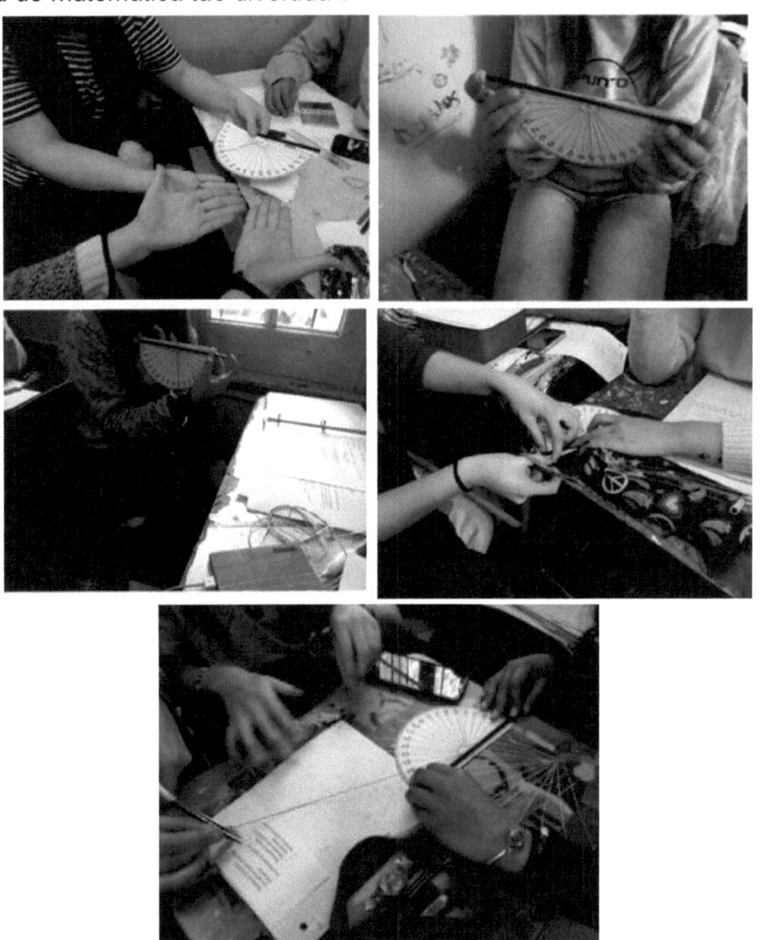

Aula N°3: As razões trigonométricas dependem apenas do ângulo
Foi-lhes apresentado um problema em que lhes era pedido que construíssem uma rampa para a qual existiam dois desenhos possíveis, de entre os quais tinham de escolher aquele que apresentava o menor ângulo de inclinação em relação ao solo. Para realizar a atividade, foram dados aos alunos os triângulos dos desenhos impressos para que pudessem recortá-los e sobrepô-los, reconhecendo assim que, na

realidade, embora os triângulos fossem de tamanhos diferentes, os ângulos tinham a mesma medida:

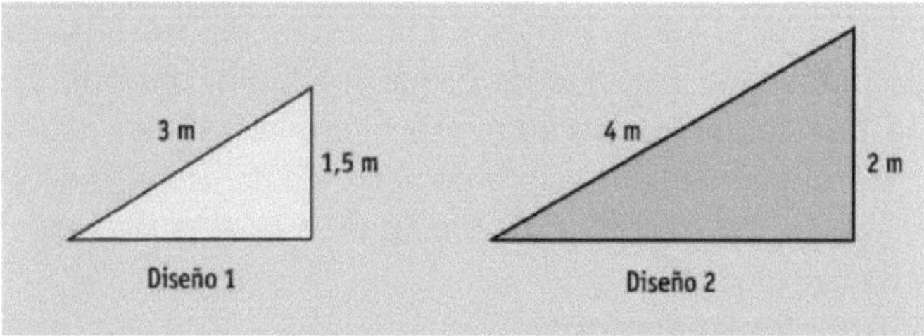

Ao colocar o seguinte problema da escolha da rampa entre dois desenhos, surgiu um pequeno debate entre alguns alunos que deram a sua opinião se a resposta era o desenho 1 ou o desenho 2. Com a proposta de recortar e sobrepor os triângulos, puderam observar com material concreto que os respectivos ângulos dos dois triângulos têm a mesma largura. Concluiu-se que os triângulos eram semelhantes.

Aula N°4: Cadeia trigonométrica (atividade lúdica)

Propõe-se uma atividade lúdica que consiste numa cadeia de cartões em que, de um lado, se encontra um triângulo em que é necessário calcular uma determinada informação e, do outro lado, o resultado de outro cartão.

O objetivo é formar uma cadeia de cartas, uma das quais com o resultado da outra. O jogo consiste em duas cadeias. Por conseguinte, os alunos formarão dois grupos. Em cada grupo, serão distribuídas todas as cartas e os alunos terão de formar a cadeia. O primeiro grupo que conseguir juntar a corrente será o vencedor.

Embora as crianças estivessem entusiasmadas, houve alguns problemas. O primeiro problema que encontraram foi a ausência de calculadoras científicas, mas foi-lhes mostrado que tinham uma nos seus telemóveis e foi-lhes ensinado como a utilizar, o que demorou bastante tempo. No entanto, foi útil porque as crianças estavam agora familiarizadas com a calculadora nos seus telemóveis, que já tinha sido experimentada no passado, mas a que não prestaram muita atenção. Em vez disso, a meio do jogo, como queriam ganhar, estavam mais ansiosas por aprender.

Aula N° 5: Razões trigonométricas e razões aproximadas

Para introduzir as razões trigonométricas, começamos com um problema em que nos pedem para encontrar as medidas das pernas e a amplitude dos ângulos agudos de um triângulo retângulo, do qual sabemos o comprimento da secante de um dos seus ângulos agudos e da sua hipotenusa.

Desta forma, explica-se aos alunos que estas razões trigonométricas não se encontram na calculadora e que, portanto, para as calcular, é necessário transformá-las na sua razão correspondente. Ou seja, por exemplo, se estamos a lidar com a secante, como no caso do problema colocado, temos de usar o cosseno, que é a sua netproca para a introduzir na calculadora.

Aula N°6: Ângulos orientados

Os ângulos são definidos como positivos quando são gerados por rotação no sentido anti-horário, e negativos quando giram no sentido horário; além disso, têm um lado inicial e um lado terminal.

Dado um sistema de eixos cartesianos no plano, consideramos um ângulo orientado no plano da seguinte forma:

O seu **vértice** é a origem das coordenadas.

É gerada pela rotação de uma semi-reta com origem em (0;0). A posição inicial da semi-reta coincide com o semi-eixo positivo do eixo x (**lado inicial**) e ela gira mantendo fixa a sua origem até atingir uma posição que marca o seu **lado terminal**.

O seu sinal é determinado pelo sentido de rotação do lado inicial, de acordo com a convenção acima mencionada.

Para indicar a sua localização, situamos o lado terminal num dos quatro quadrantes em que o plano está dividido, considerando os eixos cartesianos.

Aula N°7: Circunferência Trigonométrica

Para definir o círculo trigonométrico, partimos de uma pergunta: ^Podemos calcular o seno e o cosseno de ângulos cuja amplitude é superior a 90°? Se sim, ^Como é que isso pode ser feito?

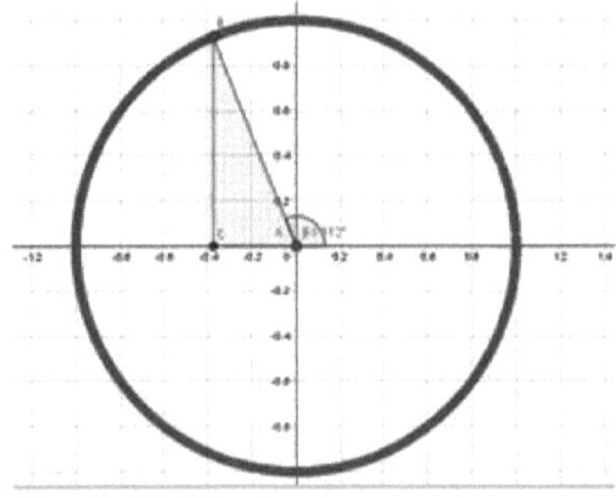

Para responder a estas questões, toma-se um triângulo retângulo com hipotenusa de medida um. Com a ajuda do software GeoGebra, é dada aos alunos uma atividade em que têm de criar uma animação nesta aplicação. Esta animação vai rodar a hipotenusa e, como se fosse um compasso, vai desenhar a circunferência trigonométrica de raio 1.

A partir desta circunferência podem ser definidas as funções trigonométricas. Esta atividade com a aplicação do GeoGebra suscitou um grande interesse por parte dos alunos em aprender a utilizar este programa.

Aula N°8: Trabalhos práticos a entregar

É proposto um trabalho de casa para ser feito na aula e depois entregue, com o objetivo de reforçar os conceitos de resolução de triângulos rectos e de identificação da hipotenusa e dos membros opostos e adjacentes.

Na correção desta atividade, foram observados os seguintes erros:

- Não identificam a hipotenusa, nem distinguem a perna oposta da adjacente.
- Erros de notação como *a;b o a - b* para indicar um lado *ab*
- Não reconhecem que o seno, o cosseno ou a tangente devem ser aplicados a um ângulo e escrevem: *sin* = -

Considera-se que a atividade cumpriu então o objetivo de ser capaz de detetar estes erros para os clarificar com os alunos.

Aula N°9: Ângulos notáveis

Para abordar este tema, é entregue aos alunos uma circunferência graduada, como mostra a figura, com o objetivo de que eles escrevam em cada medida de ângulo que está no sistema sexagesimal, o seu equivalente no sistema circular. Desta forma, pretende-se que os alunos tenham bem incorporado este sistema de medida para o poderem utilizar nos gráficos das funções trigonométricas.

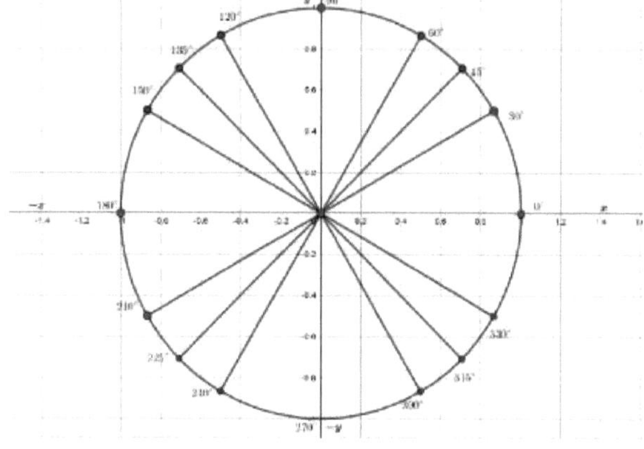

De seguida, devem completar uma tabela com as funções trigonométricas dos ângulos notáveis:

	0	$\pi/6$	$\pi/4$	$\pi/3$	$\pi/2$
Seno	0	$\frac{1}{2}$	$\frac{\sqrt{2}}{2}$	$\frac{\sqrt{3}}{2}$	1
Coseno	1	$\frac{\sqrt{3}}{2}$	$\frac{\sqrt{2}}{2}$	$\frac{1}{2}$	0
Tangente	0	$\frac{\sqrt{3}}{3}$	1	$\sqrt{3}$	$\nexists$

Os problemas encontrados na aprendizagem deste tema são, sem dúvida, o facto de integrar muitos outros conteúdos anteriores que deveriam ter sido vistos noutros anos, tais como triângulos isósceles, o Teorema de Pitágoras, a resolução de equações quadráticas que envolvem o uso do valor absoluto, etc. e os alunos não se lembram deles.

Aula N°10: Análise das funções trigonométricas

Para introduzir a análise das funções trigonométricas, são discutidas as suas aplicações na vida real, com destaque para a sua utilização na modelação de situações periódicas como o batimento cardíaco e a onda sonora, de modo a motivar os alunos para o estudo destas funções. É feita uma experiência com um osciloscópio caseiro e, de seguida, é-lhes apresentado um osciloscópio virtual e um cenário no GeoGebra que mostra a onda sonora em que se pode variar a amplitude e a frequência. De seguida, é explicado como representar graficamente as funções, começando pelo seno e pelo cosseno, para o que devem utilizar o círculo graduado com que trabalharam na aula anterior.

Posteriormente, procede-se à análise destas funções, detalhando: domínio, imagem, rafc;es, ordem à origem, conjuntos de positividade e negatividade; intervalos de crescimento e decrescimento. Além disso, os alunos são questionados sobre o que acontece quando queremos encontrar o seno ou o cosseno de um ângulo que mede mais do que uma volta, com o objetivo de observar a periodicidade da função, uma vez que toma novamente os mesmos valores.

A maior dificuldade que os alunos tiveram foi nos intervalos de crescimento e decrescimento e nos conjuntos de positividade e negatividade, porque foi difícil para eles verem que tinham de o dar no eixo x.

O outro obstáculo era a representação gráfica da função seno, porque ainda não tinham medo de passar os ângulos para o sistema circular no círculo trigonométrico que lhes tinha sido dado na aula anterior, e era-lhes difícil marcar os pontos no sistema de eixos cartesianos.

Aula N°11: Análise da função tangente

Continuando o estudo das funções trigonométricas, é a vez da tangente. Para que os alunos possam efetuar a análise, é-lhes dado um gráfico desta função, a partir do qual devem determinar o seu domínio, imagem, rafc;es, ordem à origem, positividade e negatividade, crescimento e decrescimento.

O principal problema, neste caso, é que a tangente não está definida para todos os números reais, e observam-se assímptotas verticais nos valores onde ela não existe. Apesar de, no ano anterior, os alunos já terem visto o que é uma assíntota noutras funções, como a exponencial ou a logarítmica, têm algumas dificuldades em compreender este conceito.

Esta questão está também intimamente ligada ao facto de, em matemática, **não ser possível dividir por zero.** Precisamente, os números reais em que a tangente não está definida são aqueles em que nos restaria uma divisão por zero. Em geral, os alunos parecem confundir a divisão por zero com a divisão por um, pois, quando se deparam com uma expressão, por exemplo, se temos:

$$tg(90°) = \frac{sen(90°)}{\cos(90°)} = \frac{1}{0} = \nexists$$

Embora saibamos que não existe nenhum valor que cumpra este objetivo, os alunos respondem frequentemente que o resultado é um.

Lição nº 12: Construir uma catana

Através de uma discussão heurística com os alunos, tentamos estabelecer quais são os principais conceitos que eles precisam de saber para a avaliação, ao mesmo tempo que uma síntese desses conceitos é escrita no quadro.

É interessante que, na aula de revisão, se inclua a construção da machete ou do resumo, uma vez que uma das desvantagens mais comuns observadas quando se estuda e se prepara para um exame de matemática é que os alunos não sabem mesmo estudar matemática, uma vez que não se trata de ler e sublinhar as ideias principais, como acontece nas disciplinas com muito texto.

Os alunos não sabem mesmo estudar matemática, porque não se trata de ler e sublinhar as ideias principais, como acontece nas matérias com muito texto. Por esta razão, é útil orientá-los nesta matéria, mostrando-lhes quais os conceitos que devem tratar para resolver o exame.

Aula 13: Actividades de revisão

Na aula anterior ao exame, os alunos recebem actividades de integração que envolvem tudo o que viram na unidade a ser avaliada. Para este tema, terão de resolver um problema com um triângulo retângulo, onde é necessário utilizar a trigonometria, como por exemplo, calcular o comprimento de um escadote encostado a uma parede, sabendo o ângulo que forma com o chão ou o ângulo que forma com a própria parede, e a altura a que está encostado.

Além disso, os alunos terão de conhecer a análise das funções trigonométricas estudadas anteriormente, pois podem encontrar actividades em que têm de determinar o domínio, a imagem, as razões e tudo o que está relacionado com o estudo destas funções.

Outras actividades que farão parte da avaliação escrita são as que têm a ver com identidades trigonométricas, tais como encontrar todas as funções trigonométricas a partir de uma dada sem calcular o ângulo. Neste caso, será necessário utilizar a relação que estabelece que a tangente é o quociente entre o seno e o cosseno, e a identidade pitagórica.

A única disciplina em que os alunos não têm problemas é a análise de funções. Nas restantes disciplinas, as dificuldades são muitas.

Aula 14: Avaliação escrita

É efectuada uma avaliação escrita. Os elementos que os alunos podem incluir no exame são:

J Gráficos de funções trigonométricas

J Folha de resumo das fórmulas escritas na aula: definição das razões e identidades trigonométricas.

J Calculadora (Uma vez que muitos dos alunos não dispõem de uma calculadora científica, os valores do seno, do cosseno e da tangente do ângulo em questão são apresentados na atividade correspondente, para que tenham de decidir qual deles utilizar na situação em causa).

Participaram na avaliação 25 alunos, 4 dos quais estavam ausentes. Dos que realizaram o exame, quatro entregaram em branco, três deles já tinham tido a disciplina, mas os restantes completaram todos os itens.

O resultado foi que 69% dos alunos passaram no exame, 24% foram reprovados e 7% faltaram.

O gráfico seguinte ilustra a proporção de alunos aprovados, reprovados e ausentes:

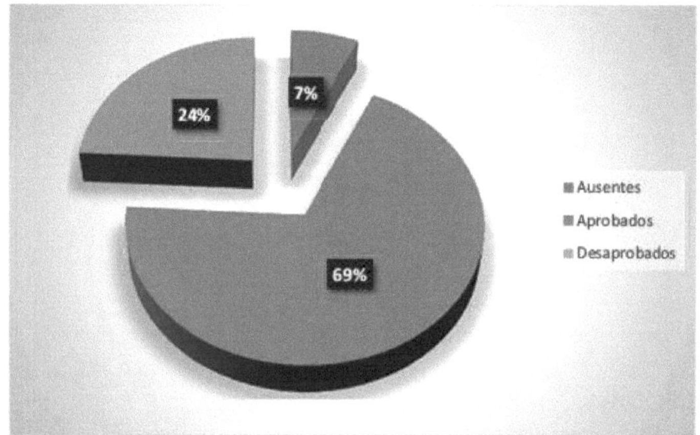

Apresenta-se de seguida um modelo da avaliação sumativa efectuada, seguido de uma descrição da análise dos erros mais comuns cometidos pelos alunos:

1) Determina se as seguintes afirmações são verdadeiras ou falsas. Se forem falsas, justifica-as:

a) No terceiro quadrante, o cosseno é positivo.

b) A tangente é crescente em todo o seu domínio.

c) Existe um ângulo cujo cosseno é -2.

d) é um zero da função tangente.

2) Em cada um dos círculos seguintes está indicado o sinal das razões trigonométricas de a, de acordo com o quadrante em que se encontra. Assina a circunferência que corresponde ao **cosseno**.

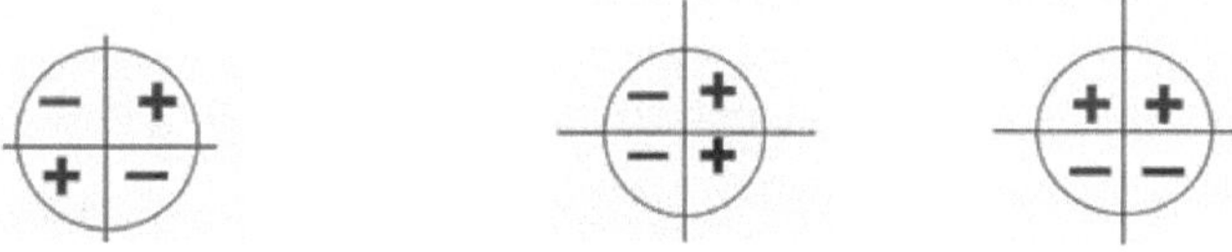

3) a) Escrever no sistema circular: 260° e 120°.

b) Indique a que quadrantes pertencem os ângulos acima.

4) $\text{sen}(\alpha) = \frac{\sqrt{2}}{2}$ Determinar as outras funções trigonométricas de *a* sabendo que: e a pertence ao segundo quadrante.

5) Determina a distância de um escadote à parede, tendo em conta os dados da figura:

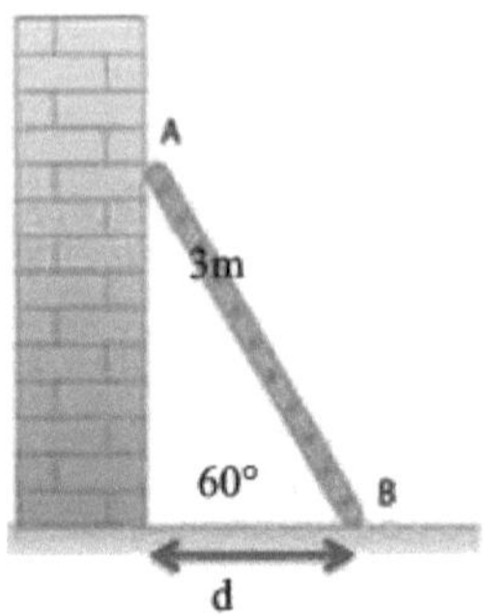

Dados adicionais: $sen(60°) = \frac{\sqrt{3}}{2}$; $\cos(60°) = \frac{1}{2}$; $tg(60°) = \sqrt{3}$

Solução: 1)

a) Falso. O cosseno é positivo no primeiro e no quarto quadrantes.

b) É verdade.

c) Falso. A imagem do cosseno está compreendida entre -1 e 1.

d) Falso. A tangente não existe nesse valor.

2) O segundo é o cosseno.

3) a)

$$260° = \frac{260° . \pi}{180°} = \frac{13\pi}{9}$$

$$120° = \frac{120° . \pi}{180°} = \frac{2\pi}{3}$$

b) O ângulo de 260° pertence ao terceiro quadrante e o ângulo de 120° ao segundo quadrante.

4) Uma vez que sabemos o valor do seno, podemos encontrar o valor do cosseno utilizando a identidade pitagórica

$$\left(\frac{\sqrt{2}}{2}\right)^2 + \cos^2(\alpha) = 1 \rightarrow \cos^2(\alpha) = 1 - \frac{1}{2} \rightarrow |\cos(\alpha)| = \frac{\sqrt{2}}{2}$$

Como a pertence ao segundo quadrante, aí o cosseno é negativo, então ficamos com:

$$\cos(\alpha) = -\frac{\sqrt{2}}{2}$$

Encontramos a tangente:

$$tg(\alpha) = \frac{sen(\alpha)}{\cos(\alpha)} = \frac{\sqrt{2}}{2} \cdot \left(-\frac{2}{\sqrt{2}}\right) = -1$$

Finalmente, encontramos os recíprocos:

$$\sec(\alpha) = \frac{1}{\cos(\alpha)} = -\frac{2}{\sqrt{2}} = -\sqrt{2}$$

$$cosec(\alpha) = \frac{1}{sen(\alpha)} = \sqrt{2}; \quad cotg(\alpha) = \frac{1}{tg(\alpha)} = -1$$

A distância do escadote à parede seria o cateto adjacente ao ângulo de 60º, e temos o comprimento do escadote como hipotenusa, pelo que utilizamos o cosseno:

$$\cos(60°) = \frac{d}{3} \rightarrow \frac{1}{2} = \frac{d}{3} \rightarrow d = \frac{3}{2} = 1{,}5\ m$$

Entre os erros mais notórios, verificámos que, por exemplo, alguns responderam erradamente ao item 1) a), que lhes pedia para dizer se a afirmação de que no terceiro quadrante o cosseno é positivo era verdadeira ou falsa, enquanto escolheram a opção correcta no item 2, onde tinham de selecionar o gráfico que representa os sinais do cosseno. Em suma, era a mesma questão, mas de forma gráfica. Apenas tinham de associar os itens.

Outro erro significativo pode ser observado na utilização incorrecta da calculadora, e simplesmente nas contas, uma vez que, para encontrar os valores das funções trigonométricas ou dos ângulos, a utilização da calculadora foi reduzida ao máximo, porque há muitos alunos que não têm medo de ter acesso a uma calculadora científica.

Também foram observados erros de cópia na sequência dos passos que os próprios alunos propuseram para resolver as actividades do exame, especialmente no item 4, onde tinham de encontrar todas as funções trigonométricas a partir de uma dada. Alguns alunos, de um passo para o outro, esqueceram-se de copiar um sinal ou mudaram o denominador. Estes erros são frequentemente atribuídos a distracções.

No item 3, o problema consistia em determinar a que quadrante pertenciam os ângulos dados. Alguns alunos omitiram completamente este item.

Quanto ao item 5, no qual era colocado um problema em que havia claramente um triângulo retângulo e era apenas necessário determinar qual a razão trigonométrica a utilizar, o erro estava precisamente nesta eleição, confundindo o cosseno com o seno.

De acordo com as percentagens de resolução correcta de cada Rem, verifica-se que o mais fácil foi o Rem 2, em que tinham de indicar qual era o gráfico correspondente aos sinais de seno ou cosseno, consoante o tema que tinham de tratar; e o mais difícil foi o Rem 4, em que tinham de encontrar todas as funções trigonométricas a partir de uma dada. Este resultado coincidiu com a previsão da professora estagiária, e precisamente a pontuação atribuída a cada um destes Rems reflecte essa previsão, uma vez que o Rem 2 foi o que obteve a pontuação mais baixa (1 ponto), e o Rem 4 o que obteve a pontuação mais alta (3).

Classe N°15: Nivelamento

As avaliações efectuadas na aula anterior são devolvidas. Tendo em conta o facto de os alunos ausentes terem de fazer o teste, abandona-se a ideia de resolver a avaliação anterior no quadro. Em vez disso, esclarece-se individualmente com as crianças os erros que cometeram enquanto recebem os testes.

Apreciação pessoal do professor estagiário:

A experiência do estágio foi muito rica em todos os aspectos. Houve momentos muito bonitos e gratificantes e outros nem tanto. Para ser mais específico na minha apreciação, vou detalhar o que achei: positivo, interessante e negativo (PIN).

- Pontos positivos:
  - A oportunidade de estar à frente de uma turma com um quadro negro atrás de mim e giz na mão, porque essa situação fascina-me, e gostei muito de todos os momentos em que estive a interagir com os alunos, explicando-lhes e orientando-os para raciocinarem, deduzirem e pensarem por si próprios.
  - As aulas de quarta-feira em que os alunos estavam sempre dispostos e mais despertos do que as aulas de terça-feira. Foi incrível poder apreciar esta diferença porque de um dia para o outro pareciam pessoas diferentes.
  - A relação que estabeleci com os alunos em geral e, sobretudo, com alguns deles que participavam mais nas aulas ou mostravam mais interesse em aprender, fazendo mesmo perguntas fora da matéria que estava a ser dada, incentivou-me a investigar e a aprender mais.
  - O desempenho dos alunos no exame, tendo passado quase 70% do curso, e com muito boas notas.
  - O apoio, em geral, da directora, embora em algumas ocasiões ela tenha imitado as interrupções naturais da escola.
- O que é interessante:

o A primeira aula que dei, única e irrepetível, quando montámos o teodolito e eles ficaram espantados porque nunca tinham pensado que uma aula de matemática pudesse ser feita noutra dimensão fora do papel.

o Apercebi-me, após o final das aulas e quando comecei a elaborar o portefólio para os trabalhos práticos, da utilidade do sociograma e de como reflectia bem as características das crianças e do grupo.

o Um dos miúdos que tinha mais dificuldade em compreender a matéria conseguiu tirar um A no exame, mas o mais interessante foi ver a sua felicidade. E em todas as aulas em que conseguiu perceber alguma coisa, depois de várias explicações, dizia-me sempre com um sorriso: "Já percebi, já percebi", e acho que o fazia não só porque estava feliz, mas para que eu também ficasse feliz.

- O negativo:

o As paragens dos professores e todas as interrupções nas aulas, que fizeram com que o desenvolvimento da matéria demorasse mais tempo do que o necessário e que, por não haver continuidade, os alunos não conseguissem ligar os conceitos como esperado. Além disso, conteúdos como as equações trigonométricas e as identidades não puderam ser abordados.

o A última aula em que alguns deles manifestaram a sua insatisfação, verbalmente ou através do teste que lhes pedi para fazer, com a minha forma de abordar ou explicar a matéria. Apesar de perceberem que a descontinuidade das aulas tinha sido um obstáculo fundamental na aprendizagem dos conteúdos, alguns não ficaram satisfeitos com o meu trabalho. No início, fiquei um pouco desiludido, mas com o passar dos dias compreendi que era lógico que eles vissem as coisas assim. Estavam habituados a resolver exercícios de uma forma bastante mecânica e não tanto a pensar, raciocinar e deduzir pelos seus próprios meios. Para deduzir novos conceitos, eram necessários alguns conhecimentos prévios, que não dominavam totalmente.

Em suma, e fazendo um balanço, a experiência acabou por ser mais positiva e interessante do que negativa. E mesmo os aspectos negativos ajudam-nos porque nos mostram onde temos de melhorar para conseguirmos uma experiência mais rica no futuro. De qualquer forma, cada escola, cada curso, cada momento é único.

Sandra Gamboni

CAPÍTULO IV

Valdez, Guillermo
Vecino, Susana
D^az Lanzoni, Evelyn
Tissoni, Gaston

Criar um espaço alternativo: GeoGebra, Números Complexos e Trigonometria

Gonzalez et al. (2017), *afirma que "no ensino tradicional de Trigonometria, as figuras desenhadas pelo professor no quadro negro, além de serem estáticas e rígidas, podem ser muito diferentes do que o professor quer representar" (p. 401). Por esta razão, sugere a utilização de vários softwares e programas in- formativos como o GeoGebra, onde o aluno pode, a partir de uma construção, alterar os objectos preservando as características originais.*

Este capítulo tem como principal objetivo fornecer aos professores de matemática do ensino secundário e/ou do primeiro ano da universidade um conjunto de actividades organizadas para experimentarem o trabalho de produção matemática mediado pelas tecnologias.

Devido ao tipo de conteúdos exigidos como básicos, as actividades podem ser adaptadas para o sexto ano do ensino secundário e para o primeiro ano da universidade.

No dia 27 de setembro de 2023, dois alunos avançados de Matemática, sob a supervisão dos professores responsáveis pelas disciplinas de Álgebra e Álgebra Linear I, realizaram uma intervenção utilizando duas aplicações GeoGebra com alunos do primeiro ano de Matemática, Física, Bioquímica e Química da Faculdade de Ciências Exactas e Naturais da Universidade Nacional de Mar del Plata.

O GeoGebra é um software de geometria dinâmica, de acesso livre e multiplataforma. Como o seu nome indica, não é apenas um software que permite trabalhar com conteúdos geométricos (Geo) mas também permite a interação com conteúdos algébricos (Gebra), analíticos e estatísticos. Ou seja, o GeoGebra permite a dupla perceção dos objectos. Cada objeto tem duas representações, uma na visão gráfica (Geometria) e outra na visão algébrica (Álgebra).

A ideia deste encontro foi apresentar aos alunos duas aplicações em GeoGebra (utilizáveis tanto no PC como no telemóvel), concebidas pelo Prof. José Campos, docente da nossa unidade curricular. Estas aplicações permitem aos alunos representar graficamente números complexos, efetuar operações de produto e quociente, calcular o módulo, o argumento e a enésima razão de um complexo e representar os respectivos gráficos. *A "Trigonometria"* desempenha um papel

fundamental no desenvolvimento de todos estes conceitos.
Estiveram presentes mais de 40 alunos dos cursos de licenciatura acima referidos, que estavam a frequentar as disciplinas de Álgebra e Álgebra Linear I. Os conteúdos mínimos destas disciplinas são: Números Naturais, Números Complexos, Polinómios, Matrizes e Determinantes, Sistemas de Equações Lineares e Espaços Vectoriais.
É de salientar que a sua participação foi inteiramente voluntária, uma vez que o encontro não teve lugar num horário de aulas correspondente às disciplinas, mas consistiu numa atividade de oficina extra-curricular.
No início da atividade, foi dada aos alunos uma série de actividades para resolverem utilizando as aplicações (ver abaixo).

NÚMEROS COMPLEXOS

1) Utilizando uma das Applets GeoGebra apresentadas, complete a tabela seguinte.

$Re(z_1)$	$Im(z_1)$	z_1	$Re(z_2)$	$Im(z_2)$	z_2	$\|z_1\|$	$\|z_2\|$	$\|z_1.z_2\|$	$Arg(z_1)$	$Arg(z_2)$	$Arg(z_1.z_2)$
1	-2		-2	1							
		1+i			1-i						
2	1				2+2i						

Em seguida, responda às seguintes perguntas:

a) $|z_1|$, $|z_2|$ y $|z_1.z_2|$? ¿Qual é a relação entre Como a expressaria por palavras? ^e algebricamente?

b) $Arg(z_1)$, $Arg(z_2)$ y $Arg(z_1.z_2)$? ¿Qual é a relação entre Como a expressaria por palavras? ^e algebricamente?

c) $|z_1|$, $|z_2|$ y $\left|\frac{z_1}{z_2}\right|$, $z_2 \neq 0$? ¿Y Que relação pode ser estabelecida entre com entre $Arg(z_1)$, $Arg(z_2)$ y $Arg\left(\frac{z_1}{z_2}\right)$, con $z_2 \neq 0$?

2) Usando o applet do GeoGebra que envolve raízes enezimáticas, trabalhe com os seguintes complexos:

a) $2i$, con $n = 5$.

b) $2 - 2i$ con $n = 3$.

Encontrar as raízes n-ésimas do complexo dado, na forma polar.
Relacione os gráficos com o valor de n. Como é que os módulos das raízes n-ésimas se relacionam com o complexo dado? Como é que os argumentos variam?
Depois de completar as actividades, pedimos-lhe que responda às seguintes perguntas sobre as Applets GeoGebra:
Com a utilização do applet, achou estas actividades difíceis?
Utilizaria alguma das applets nas actividades práticas?
Considera que as applets são uma boa ferramenta para trabalhar com números complexos? Por
O quê?

Applets:

Tomando como exemplo a primeira secção da atividade, foi dada uma breve explicação sobre o funcionamento das aplicações GeoGebra, cuja ligação de acesso se encontra no respetivo QR.

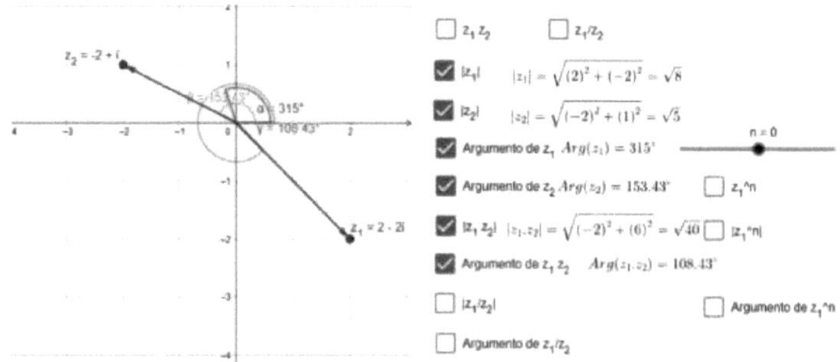

Foi acordado com os alunos que, num período de aproximadamente vinte minutos, resolveriam os restantes itens utilizando o recurso apresentado, ao qual se pode aceder digitalizando um código QR (fornecido nas fotocópias das actividades) com os seus telemóveis.

Uma vez resolvidas as actividades propostas, houve uma sessão de partilha no quadro, em que todos realizaram as construções em conjunto e depois deram uma interpretação gráfica dos resultados.

Os alunos mostraram-se muito interessados na visualização dos gráficos.

Após cerca de 15 minutos, realizou-se uma nova partilha, com a mesma modalidade para os exercícios referentes às enésimas raças.

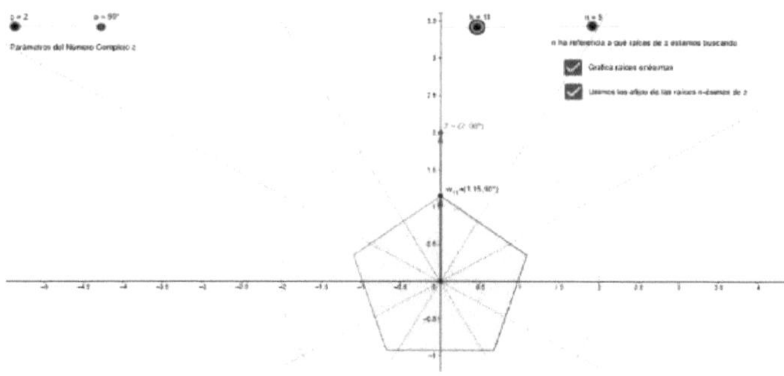

Por fim, foi pedido aos presentes que respondessem a um pequeno inquérito: *"Com a utilização do Applet,*

- *Achou estas actividades difíceis?*
- *Utilizaria alguma das aplicações nas actividades práticas?*
- *c Consideras que estas aplicações são uma boa ferramenta para trabalhar os números complexos?* Porquê?"

A partir deste inquérito, surgiram algumas reflexões importantes dos alunos, que serão destacadas a seguir:

Em primeiro lugar, a maioria dos alunos considerou que o recurso

GeoGebra lhes permitia verificar rapidamente os resultados e acelerar os cálculos.

Como podemos ver no caso seguinte, um aluno manifesta que vai começar a utilizar as aplicações para verificar se as actividades propostas pela prática da disciplina são bem realizadas.

Ao mesmo tempo, outro aluno diz que tem dificuldade em lidar com a tecnologia, mas acredita que trabalhar num computador seria mais fácil para ele.

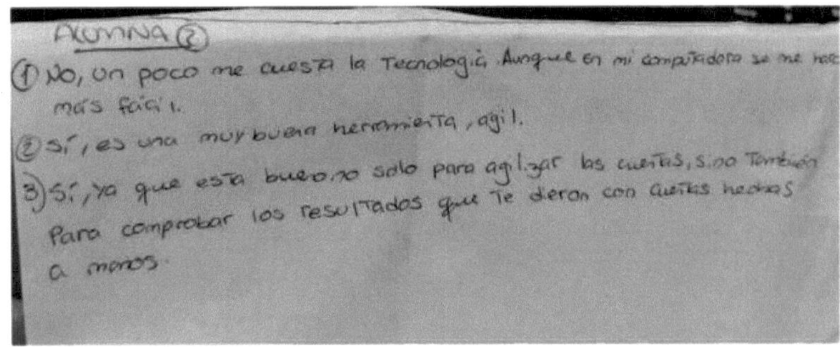

ALUMNA (2)

(1) No, un poco me cuesta la Tecnología. Aunque en mi computadora se me hace más fácil.

(2) Sí, es una muy buena herramienta, ágil.

(3) Sí, ya que esta bueno no solo para agilizar las cuentas, sino también para comprobar los resultados que te dieron con cuentas hechas a mano.

Outra conclusão importante é que não só o utilizam para verificar as suas respostas e corrigir possíveis erros, mas também para observar graficamente o que trabalharam.

O que pensam os estudantes de formação avançada de professores que participaram na experiência?

Em termos gerais, consideramos que a intervenção na sala de aula para apresentar as aplicações foi muito positiva. Observámos interesse por parte dos alunos e uma boa participação na resolução das actividades. Para além disso, o inquérito permitiu-nos conhecer a sua opinião sobre a possível utilização destas ferramentas e, ao mesmo tempo, apresentaram-nos algumas críticas ou observações, que consideramos como sugestões para melhorar o seu funcionamento.

O que pensavam os professores responsáveis?

Para o professor que leva para a sala de aula um tipo de atividade como as aqui propostas, isso implica um trabalho de acompanhamento dos seus alunos em diferentes processos.

Por exemplo:

- nos processos de apropriação do conhecimento tecnológico necessário para trabalhar com o GeoGebra,
- no processo de produção de novas ideias,
- nos processos de reconfiguração de conhecimentos já aprendidos noutros níveis de ensino (neste caso, em particular, conceitos prévios de trigonometria),
- nos processos de produção e validação de conjecturas.

A proposta de trabalho proposta visa oferecer um espaço alternativo para o trabalho matemático na sala de aula, que envolve estratégias de adaptação para quem aprende e também para quem ensina, e ao mesmo tempo um reforço dos conceitos básicos de trigonometria que são aplicados nesta disciplina.

Bibliografia

• Amster, P., Pezzatti,L., Roxana Abalsamo e outros. Activados 5 Matematica. Editorial Puerto de Palos. Buenos Aires, Argentina, 2013.

• Benavente,M., Vivera,C. Introdução à Matemática, Modulo de Ingreso Universidad Nacional de Mar del Plata, 2015.

• Bracchi,C., Paulozzo,M., Diseno Curricular para la Educacion Secundaria, 6to. Ano, Matematica, Ciclo Superior, Dirección General de Cultura y Educacion de la Provincia de Buenos Aires, 2011.

• Cantoral, R., Montiel, G., & Reyes, D. (2015). Analisis del discurso Matematico Escolar en los libros de texto, una mirada desde la Teona Socioepistemologica. Avances de investigacion en educacion matematica, 5(8), 9-28.

• de Guzman, M., Colera, J. e Salvador, A. (1988). Matematicas. Bachillerato 3. Grupo Anaya S.A. Madrid, Espanha.

• Direção Geral de Cultura e Educação (2011). *Disposição Curricular para a Educação Secundária. Matemática Ciclo Superior. Sexto ano.* Buenos Aires: Autor. Recuperado de: Disenos curriculares | abc

• Gonzalez, M., Matilla, J., and Rosales, F. (2017). Potencialidades del software Geogebra en la ensenanza de la matematica estudio de caso de su aplicacion en la trigonometria. Roca: Revista Cienrifico Educaciones de la provincia de Granma, 13(4), 401-415. Obtido de https://dialnet.unirioja.es/servlet/articulo?codigo=6759725Herrera (2013)

• Leon, C. (2017). Juan Cortazar y su contribution a la formation matematica espanola en el siglo XIX (Tese de doutorado). Universidade de Córdoba, Córdoba, Espanha.

• Ministerio de Educacion, Cultura, Ciencia y Tecnolog^a (2018) Argentina en PISA 2018. Informe de Resultados. Recuperado de: https://www.argentina.gob.ar/sites/default/files/argentina_en_pisa_2018_ infor me_de_resultados.pdf

• Ministério da Educação da Argentina. Secretaria de Avaliação e Informação Educativa. Resultados do APRENDER 2022. Recuperado de: https://www.argentina.gob.ar/sites/default/files/2023/06/_resultados_a_ni vel_ aprendizagem_nacional_2022_no_nível_secundário_- secretário_de_informação_educacional_e_avaliação.pptx_1.pdf

• Robert, A., & Rogalski, J. (2002). Le systeme complexe et coherent des pratiques des enseignants de mathematiques: Une double

approche. Canadian Journal of Science, Mathematics and Technology Education, 2(4), 505-525.
- Paenza,A., Matematica...^estas ahi?, la vuelta al mundo en 34 problemas y
8 histórias. Grupo Editorial Siglo Veintiuno, 2011.
- Zill, D., Dewar,J.. Álgebra, trigonometria e geometria analítica. Terceira edição. Mc Graw Hill, México, 2012.

Recursos da Internet:

- https://anagarciaazcarate.wordpress.com/2018/04/10/dos-cadenas-trigonométrico/
- http://didacticaenlaciencia.blogspot.com/2008/06/qu-vamos-hacer-vamos- build-un.html
- http://servicios.abc.gov.ar/lainstitucion/revistacomponents/revista/archivos/ textos-escolares2007/CM-EN5-1PA/filesfordownload/CM_EN5_1PA_u4.pdf
- http://servicios.abc.gov.ar/lainstitucion/revistacomponents/revista/archivos/ textos-escolares2007/CM-EN5-1PA/filesfordownload/CM_EN5_1PA_u5.pdf
- http://bdigital.unal.edu.cc/49554/1/11706629.2015.pdf.pdf
- http://ulum.es/historia-de-las-mediciones-i-eratostenes-el-hombre-que- midio-la-terra/
- https://todaslascosasdeanthony.com/2012/07/02/como-eratostenes-midio- the-circumference-of-the-earth-2-thousand-years-ago/
- http://recursostic.educacion.es/secundaria/edad/4esomatematicasB/trigon ometria/impresos/quincena7.pdf
- https://fqm193.ugr.es/media/grupos/FQM193/cms/TFM_(Fco_Javier_Fern andez_Medina).pdf
- https://slideplayer.es/slide/6271883/
- https://es.khanacademy.org/math/geometry/hs-geo-trig/hs-geo-modeling- with-right-triangles/e/applying-right-triangles
- https://www.vitutor.com/al/trigo/tr_e.html
- https://cuentosymates.blogspot.com/2014/02/catetos-e-hipotenusa.html
- https://naukas.com/2011/11/28/ingenio-egipcio-o-como-adelantarse-a- pitagoras-tying-12-knots/rope-12-knots/
- https://www.studocu.com/es-ar/document/universidad-de-buenos-aires/matematicas/alsina-claudi-claudi-apuntes-1-2/9878735

Printed by Books on Demand GmbH, Norderstedt / Germany